轻而易举

CC
Photoshop
图像处理

七心轩文化　编著

电子工业出版社.
Publishing House of Electronics Industry
北京·BEIJING

内 容 简 介

　　本书全面介绍了图形图像处理软件Photoshop CC的基础知识和应用技能，主要包括Photoshop CC基础操作、图像选区操作、绘制与修饰图像、调整图像色调和色彩、在Photoshop中输入文字、图层应用、路径的应用、通道和蒙版的应用、滤镜的运用、动作与批处理、图像的打印输出及综合案例等内容。

　　本书主要面向Photoshop CC软件的初级用户，适合于广大图像处理爱好者及各行各业需要学习Photoshop CC软件的人员阅读，同时也可以作为Photoshop CC图像处理短训班的培训教材和学习辅导书。

图书在版编目（CIP）数据

Photoshop CC图像处理 / 七心轩文化编著. —— 北京:电子工业出版社, 2016.1
（轻而易举）

ISBN 978-7-121-27708-5

Ⅰ. ①P… Ⅱ. ①七… Ⅲ. ①图象处理软件Ⅳ.①TP391.41

中国版本图书馆CIP数据核字(2015)第285577号

策划编辑：牛　勇
责任编辑：徐津平
印　　刷：三河市双峰印刷装订有限公司
装　　订：三河市双峰印刷装订有限公司
出版发行：电子工业出版社
　　　　　北京市海淀区万寿路173信箱　　　邮编：100036
开　　本：787×1092　　1/16　　　印张：14.75　　　字数：406千字
版　　次：2016年1月第1版
印　　次：2016年1月第1次印刷
定　　价：35.00元（含光盘1张）

凡所购买电子工业出版社图书有缺损问题，请向购买书店调换。若书店售缺，请与本社发行部联系，联系及邮购电话：（010）88254888。
质量投诉请发邮件至zlts@phei.com.cn，盗版侵权举报请发邮件至dbqq@phei.com.cn。
服务热线：（010）88258888。

致 读 者

还在为不知如何学电脑而**发愁**吗？

面对电脑问题经常**不知所措**吗？

现在，**不用再烦恼了！** 答案就在眼前。"轻而易举"丛书能帮助你轻松、快速地学会电脑的多方面应用。也许你从未接触过电脑，或者对电脑略知一二，这套书都可以帮助你**轻而易举地学会使用电脑。**

丛书特点

如果你想快速掌握电脑的使用，"轻而易举"丛书一定会带给你意想不到的收获。因为，这套书具有众多突出的优势。

◤ 专为电脑初学者量身打造

本套丛书面向电脑初学者，无论是对电脑一无所知的读者，还是有一定基础、想要了解更多知识的电脑用户，都可以从书中轻松获取需要的内容。

◤ 图书结构科学合理

凭借深入细致的市场调查和研究，以及丰富的相关教学和出版的成功经验，我们针对电脑初学者的特点和需求，精心安排了最优的学习结构，通过学练结合、巩固提高等方式帮助读者轻松快速地进行学习。

◤ 精选最实用、最新的知识点

图书中不讲空洞无用的知识，不讲深奥难懂的理论，不讲脱离实际的案例，只讲电脑初学者迫切需要掌握的和在实际生活、工作、学习中用得上的知识与技能。

◤ 学练结合，理论联系实际

本丛书以实用为宗旨，大量知识点都融入贴近实际应用的案例中讲解，并提供了众多精彩、颇具实用价值的综合实例，有助于读者轻而易举地理解重点和难点，并能有效提高动手能力。

◤ 版式精美，易于阅读

图书采用双色印刷，版式精美大方，内容含量大且不显拥挤，易于阅读和查询。

◤ 配有精彩、超值的多媒体自学光盘

各书配有多媒体自学光盘，包含数小时的图书配套精彩视频教程，学习知识更加轻松自如！光盘中还免费赠送丰富的电脑应用教学视频或模板等资源。

阅读指南

"轻而易举"丛书采用了创新的学习结构，图书的各章设置了4个教学模块，引领读者由浅入深、循序渐进地学习电脑知识和技能。

▨ 试一试

学电脑是为了什么？当然是为了使用。可是，你知道所学的知识都是做什么用的吗？很多电脑用户都是在实际应用中学到了最有价值的知识。这个模块就是通过一个简单实例带你入门，让你了解本章要学习的知识在实际应用中的用途或效果，也起到了"引人入胜"的目的。

▨ 学一学

学习通常都是枯燥的，但是，"轻而易举"丛书打破了这个"魔咒"。通过完成一个个在使用电脑时经常会遇到的任务，使你在不知不觉中已经掌握了很多必要的知识和技能。这个模块就是将实用的知识融入大大小小的案例，让读者在轻松的氛围中进行学习。

▨ 练一练

实践是最有效的学习方法，这个模块通过几个综合案例帮助读者融会贯通所学的重点知识，还会介绍一些提高性知识和小技巧。各案例讲解细致、效果典型、贴近实际应用，通常是用户使用电脑最经常用到的操作。

▨ 想一想

这个模块包括两部分内容："疑难解答"就读者在学习过程中最常遇到的问题进行解答，所列举的问题大部分来源于广大网友的热门提问；"学习小结"帮助读者梳理所学的知识，了解这些知识的用途。

丛书作者

本套丛书的作者和编委会成员均是多年从事电脑应用教学和科研的专家或学者，有着丰富的教学经验和实践经验，这些作品都是他们多年科研成果和教学经验的结晶。本书由七心轩文化工作室编著，参加本书编写工作的有：罗亮、孙晓南、谭有彬、贾婷婷、刘霞、黄波、朱维、李彤、宋建军、范羽林、叶飞、刘文敏、宗和长、徐晓红、欧燕等。由于作者水平有限，书中疏漏和不足之处在所难免，恳请广大读者及专家不吝赐教。

结束语

亲爱的读者，电脑没有你想象的那么神秘，不必望而生畏，赶快拿起这本书，投身于电脑学习的轻松之旅吧！

目　录

第1章　开启Photoshop设计之门

第2章　Photoshop CC基础操作

第5章　调整图像色调和色彩

第6章 在Photoshop中输入文字

第7章 图层应用

第12章 图像的打印输出

第13章 综合案例

第1章

开启Photoshop 设计之门

本章要点:

- 认识工作界面
- 图像的相关概念
- 文件的基本操作

Chapter

1

学生: 老师,我表姐前段时间结婚了,她的婚纱照片拍得很漂亮,不过有的效果好像不是相机拍摄出来的,而是经过Photoshop处理的。Photoshop真的有那么强大的功能吗?

老师: Photoshop是一款强大的平面设计软件。使用Photoshop可以对照片进行美化,制作出精美的效果。同时,Photoshop也被广泛地应用到许多平面设计领域中。

学生: 看来Photoshop的作用还真不小呢!老师,您给我详细讲讲吧!

　　Photoshop CC是由Adobe公司开发的，它是目前最流行的图像处理软件之一。Photoshop广泛应用于平面设计、网页设计和插画设计等各个领域，深受用户青睐。在学习使用该软件进行实际操作之前，首先要掌握一些基本知识，如Photoshop CC的安装方法与工作界面、图像的相关概念、文件的基本操作等。

试一试 1.1 安装Photoshop CC 》

| 案例描述 | 知识要点 | 素材文件 | 操作步骤 |

　　在使用Photoshop CC编辑图像前，需要先进行软件的安装。如果计算机中还没有安装Photoshop CC，那么请跟随本案例将Photoshop CC安装到计算机中。

| 案例描述 | 知识要点 | 素材文件 | 操作步骤 |

- ▨ 输入程序序列号
- ▨ 选择程序组件
- ▨ 选择程序安装路径

| 案例描述 | 知识要点 | 素材文件 | 操作步骤 |

01 运行Photoshop CC安装程序，弹出安装向导对话框，单击"安装"按钮，如图1-1所示。

▨ 图1-1

02 进入"软件许可协议"页面，单击"接受"按钮，如图1-2所示。

▨ 图1-2

03 进入"序列号"页面，输入正确的产品序列号，然后单击"下一步"按钮，如图1-3所示。

▨ 图1-3

04 进入"选项"页面，设置程序语言和安装路径，然后单击"安装"按钮，如图1-4所示。

▨ 图1-4

05 程序开始进行安装，稍后提示安装完成，单击"关闭"按钮即可，如图1-5所示。

■ 图1-5

学一学 **1.2** 初识Photoshop CC »

Photoshop CC是集图形设计、编辑、合成及高品质输出功能于一体的图形图像处理软件，也是目前图形图像处理软件中功能最强大的软件之一。

1.2.1 启动程序 »

启动Photoshop CC是该软件的基本操作，安装好Photoshop CC后，便可以启动该软件。启动Photoshop CC的方法有以下几种。

◤ 双击桌面上的Photoshop CC快捷方式图标 Ps 。

◤ 在Windows 的开始界面中单击"Adobe Photoshop CC"图标。

◤ 双击安装文件夹中的"Photoshop.exe"图标，如图1-6所示。

■ 图1-6

1.2.2 工作界面的组成 »

启动Photoshop CC后，就可以看到其工作界面了。Photoshop CC在以前版本的基础上进行了改进和完善，其工作界面没有太大的变化，保持了各常用组件的传统样式，包括标题栏、菜单栏、属性栏、工具箱、图像窗口和工作面板等，如图1-7所示。

■ 图1-7

>> 菜单栏

菜单栏中包括"文件"、"编辑"、"图像"、"图层"和"选择"等11个菜单项，几乎包含了Photoshop CC中所有的命令，用户可通过选择菜单项下的命令来完成各种操作和设置。

- **文件**：主要用于对图像文件进行新建、打开和保存等操作。
- **编辑**：主要用于对图像进行复制、粘贴、填充及变换等操作。
- **图像**：主要用于对图像的颜色模式、色彩、色调及尺寸大小等进行调整。
- **图层**：主要用于对图像的图层进行编辑。
- **类型**：主要用于对图像的文字区域进行编辑。
- **选择**：主要用于对图像的区域进行选择和编辑。
- **滤镜**：主要用于对图像进行特殊效果的制作。
- **视图**：主要用于对工作界面进行调整，如控制文档视图的大小、缩小或放大图像的显示比例等。
- **窗口**：主要用于对工作界面中的各个组件进行调整。
- **帮助**：主要是为用户提供使用Photoshop CC的帮助信息。

>> 属性栏

在工具箱中选择一种工具后，属性栏中将显示当前工具的相应属性和参数，用户可在其中进行更改和设置。

>> 工具箱

工具箱中包含了Photoshop CC提供的所有工具。工具箱默认位于工作界面左侧，部分工具按钮的右下角带有一个白色的小三角形标记，表示这是一个工具组，其下包含多个子工具。单击某个工具组按钮，并按住鼠标左键不放，片刻后即可展开其子工具栏，如图1-8所示。

■ 图1-8

>> 状态栏

可以显示文档大小、文档尺寸和缩放比例等信息，单击其中的白色三角形按钮，在弹出的菜单中可以选择需要显示的其他信息。

提示

Photoshop CC的工具箱有长单条和短双条两种模式。单击工具箱顶部的 ▶▶ 按钮，可使工具箱在长单条和短双条这两种模式之间进行切换。

>> 图像窗口

在Photoshop CC中，图像窗口用于显示图像文件的内容和相关文件信息，是浏览和编辑图像的主要场所，其功能说明如图1-9所示。

图像信息栏

窗口控制按钮

显示比例

文档大小

■ 图1-9

图像窗口中各部分的功能如下：

◢ **图像信息栏**：显示了图像文件的名称、显示比例和颜色模式等相关信息。

◢ **窗口控制按钮组**：3个控制按钮分别用于对图像窗口进行最小化、最大化/还原和关闭操作。

◢ **"显示比例"数值框**：用于控制图像的缩放显示比例。

◢ **"文档大小"栏**：显示图像文件的大小等信息，单击其中的按钮▶，在弹出的菜单中选择"显示"命令，可以在打开的子菜单中选择状态栏显示的信息。

»» **工作面板**

工作面板是Photoshop CC中非常重要的一部分，主要用于在图像的处理过程中进行颜色选择、图层编辑、通道新建、路径绘制和修改，以及撤销编辑等操作。

1.2.3 自定义工作界面 »»

在Photoshop CC中，用户可以根据个人喜好来自定义工作界面。设定称心的Photoshop CC工作环境，不仅可以方便地查看图像，还可以提高工作效率。

»» **显示与隐藏工具箱和工作面板**

在Photoshop CC工作界面中，可以根据个人需要将工具箱和工作面板进行隐藏或显示，其操作方法分别如下：

◢ **隐藏**：在带有工具箱和工作面板的工作界面中按下"Tab"键，可以隐藏工具箱和工作面板。

◢ **显示**：再次按下"Tab"键，又可将隐藏的工具箱和工作面板显示出来。

技巧

在菜单栏中单击"窗口"菜单项，在弹出的下拉菜单中选择相应命令，即可显示或隐藏指定的工具箱或工作面板。

>> ▰ **切换屏幕模式**

在Photoshop CC工作界面中，可以随时使用不同的屏幕模式来查看制作的图像效果。在菜单栏中单击"视图"→"屏幕模式"命令，在弹出的子菜单中即可选择相应的选项来设置屏幕模式，如图1-10所示。

◢ 图1-10

▰ **技 巧**

连续按下"F"键可以在标准屏幕模式、带有菜单栏的全屏模式和全屏模式3种模式之间进行切换。

>> >> ▰ **保存当前的工作界面方案**

在Photoshop CC中自定义工作界面后，可以将其保存，以便日后载入，方便使用。保存当前工作界面的具体操作方法如下：

01 自定义工作界面后，选择"窗口"→"工作区"→"新建工作区"菜单命令，如图1-11所示，弹出"新建工作区"对话框。

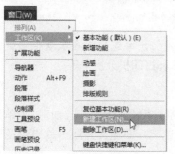

◢ 图1-11

02 在"名称"文本框中输入工作界面名

称，这里输入"我的工作界面"，然后单击"存储"按钮，如图1-12所示。

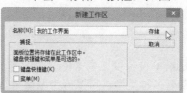

◢ 图1-12

▰ **技 巧**

如果需要使用默认工作界面，只需依次选择"窗口"→"工作区"→"基本功能（默认）"命令，即可快速恢复至默认状态。

1.2.4　退出程序 >>>

当不需要使用Photoshop CC时，可以退出该软件。退出Photoshop CC的方法有如下几种。

◢ 单击Photoshop CC界面右上角的"关闭"按钮 ▧ 。

◢ 选择"文件"→"退出"菜单命令。

▰ **提 示**

在退出Photoshop CC时，如果用户没有保存窗口中被修改过的文件，系统将弹出提示对话框，询问是否保存文件。若单击"是"按钮，如果文件还没有被命名，则打开"存储为"对话框让用户为其命名，并选择一个驱动器和文件夹存放；若单击"否"按钮，Photoshop CC将直接退出。

学一学 1.3 图像的相关概念 »

　　学习使用Photoshop CC处理图像之前，应先了解一些图形图像处理中的常见术语，如像素、分辨率、位图、矢量图颜色模式和文件格式等。

1.3.1 像素 »›

　　在Photoshop CC中，像素是组成图像的基本元素，它是一个有颜色的矩形网格。每个网格都分配有特定的位置和颜色值。文件包含的像素越多，其分辨率就越高，记录的信息也越多，文件也就越大，图像品质也就越好。当把图像放大到足够大时，就会显示类似网格的效果，如图1-13所示为图像局部放大的前后对比效果图。

■ 图1-13

1.3.2 分辨率 »›

　　分辨率是指单位长度上像素的多少。单位长度上像素越多，分辨率越高，图像就相对更清晰。分辨率有多种类型，可以分为图像分辨率、显示器分辨率和打印机分辨率等。

»» 图像分辨率

　　图像分辨率是指图像中每个单位长度所包含的像素数目，常以"像素/英寸"（ppi）为单位表示，如"96 ppi"表示图像中每英寸包含96像素。分辨率越高，图像文件所占的磁盘空间就越大，编辑和处理该图像文件所花费的时间也就越长。

　　在分辨率不变的情况下改变图像尺寸，则文件大小将发生变化，尺寸大，则保存的文件大。若改变分辨率，则文件大小也会相应改变。

»» 显示器分辨率

　　显示器分辨率是指显示器上每个单位长度显示的点的数目，常用"点/英寸"（dpi）为单位表示，如"72 dpi"表示显示器上每英寸显示72个点。

提示

普通PC显示器的典型分辨率约为96 dpi，Mac机显示器的典型分辨率约为72 dpi。当图像分辨率高于显示器分辨率时，图像在显示器屏幕上显示的尺寸会比指定的打印尺寸大。图像分辨率可以更改，而显示器分辨率则是不可更改的。

»» 打印机分辨率

　　打印机分辨率是指激光打印机、照排机或绘图仪等输出设备在输出图像时每英寸所产生的油墨点数。想要产生较好的输出效果，就要使用与图像分辨率成正比的打印机分辨率。大多数扫描仪所带的文档都把每英寸点数称为dpi，即每英寸所含的点，它是常用的分辨率单位，也是输出分辨率的单位。

提示

不同硬件设备每英寸所包含的点有所不同，如一台扫描仪的dpi和一台打印机的dpi就不相同。通常，扫描仪获取图像时设定扫描分辨率为300 dpi，即可满足高分辨率的输出需要。

1.3.3　位图和矢量图 》》

计算机图像的基本类型是数字图像，它是以数字方式记录、处理和保存的图像文件。根据图像生成方式的不同，可以将图像划分为位图和矢量图两种类型。

》 位图

位图也被称为像素图或点阵图。当位图放大到一定程度时，可以看到位图是由一个个小方格组成的，这些小方格就是像素。像素是位图图像中最小的组成元素，位图的大小和质量由像素的多少决定，单位面积中的像素越多，图像越清晰，颜色之间的过渡也越平滑。

位图图像的主要优点是表现力强、层次多、细腻、细节丰富，可以十分逼真地模拟出真实效果。位图图像可以通过扫描仪和数码相机获得，也可通过Photoshop和Corel PHOTO-PAINT等软件生成。当位图在屏幕上以高缩放比例显示时，可以观察到组成图像的块状像素，如图1-14所示。

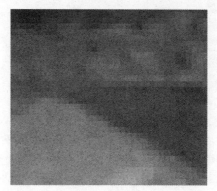

☑ 图1-14

》》 矢量图

矢量图用一系列计算机指令来描述和记录图像，它由点、线、面等元素组成，记录的是对象的几何形状、线条粗细和色彩属性等。矢量图的主要优点是不受分辨率影响，任何尺寸的缩放都不会改变其清晰度和光滑度，如图1-15所示。矢量图只能通过CorelDRAW或Illustrator等软件生成。

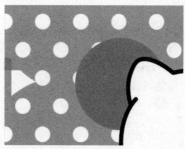

☑ 图1-15

1.3.4　颜色模式 >>>

颜色模式是图像在屏幕上显示的重要前提，同一个文件格式可以支持一种或多种颜色模式。常用的颜色模式有RGB、CMYK、HSB、Lab、灰度模式、索引模式、位图模式、双色调模式、多通道模式等。在Photoshop中可以选择"图像"→"模式"命令，在弹出的子菜单中选择颜色模式转换命令。

>>> **RGB模式**

RGB模式是最佳的图像编辑模式，也是Photoshop默认的颜色模式。自然界中所有的颜色都可以用红（Red）、绿（Green）、蓝（Blue）3种颜色的不同组合而生成，通常称其为三原色或三基色。每种颜色都有从0（黑色）到255（白）个亮度级，所以3种颜色叠加即可产生1670万种色彩，即真彩色。

>>> **CMYK模式**

CMYK模式是印刷时使用的一种颜色模式，由青（Cyan）、洋红（Magenta）、黄（Yellow）和黑（Black）4种颜色组成。为了避免和RGB三原色中的蓝色（Blue）发生混淆，CMYK中的黑色用K来表示。

CMYK模式与RGB模式的不同之处在于，它不是靠增加光线，而是靠减去光线来表现颜色。因为和显示器相比，打印纸不能产生光源，更不会发射光线，它只能吸收和反射光线。通过对这4种颜色的组合，可以产生可见光谱中的绝大部分颜色。

> **提 示**
>
> 在CMYK模式下处理图像，会使部分Photoshop滤镜无法使用，所以一般在处理图像时采用RGB模式，而到印刷阶段再将图像的颜色模式转换为CMYK模式。

>>> **HSB模式**

在HSB模式中，H表示色相（Hue），S表示饱和度（Saturation），B表示亮度（Brightness）。HSB模式是基于人眼对色彩的观察来定义的，由色相、饱和度和亮度表现颜色。色相指颜色主波长的属性，用于表示所有颜色的外貌属性，取值范围为0～360；饱和度指色相中灰色成分所占的比例，表示色彩的纯度，取值范围为0%～100%（黑、白和灰没有饱和度。饱和度最大时，色相具有最纯的色光）；亮度指色彩的明亮度，取值范围为0%～100%（0%表示黑色，100%表示白色）。

>>> **Lab模式**

Lab模式是国际照明委员会发布的颜色模式，由RGB三原色转换而来，是RGB模式转换为HSB模式和CMYK模式的"桥梁"，同时弥补了RGB和CMYK两种模式的不足。该颜色模式由一个发光串（Luminance）和两个颜色轴（a和b）组成，是一种具有"独立于设备"特征的颜色模式，即在任何显示器或打印机上使用，Lab颜色都不会发生改变。

>>> **灰度模式**

灰度模式中只存在灰度，最多可达256级灰度，当一个彩色文件被转换为灰度模式时，Photoshop会将图像中的色相及饱和度等有关色彩的信息消除，只留下亮度。

灰度值可以用黑色油墨覆盖的百分比来表示，0%代表白色，100%代表黑色，而颜色调色板中的K值用于衡量黑色油墨的量。

>> **索引模式**

索引模式又称映射颜色。在这种模式下，只能存储一个8位色彩深度的文件，即图像中最多含有256种颜色，而且这些颜色都是预先定义好的。一幅图像的所有颜色都在它的图像索引文件中定义，即将所有的色彩都存放到颜色查找对照表中。因此，当打开图像文件时，Photoshop将从对照表中找出最终的色彩值。若原图不能用256种颜色表现，那么Photoshop将会从可用颜色中选择出最相近的颜色来模拟显示。

使用索引模式不但可以有效地缩减图像文件的大小，而且能够适度保持图像文件的色彩品质，适合制作放置于网页上的图像文件或多媒体动画。

>>> **多通道模式**

多通道模式包含多种灰阶通道，每一个通道均由256级灰阶组成。这种模式适用于有特殊打印需求的图像。当RGB或CMYK模式的图像中任何一个通道被删除时，即转变成多通道模式。

1.3.5 文件格式 >>>

文件格式是指数据保存的结构和方式，一个文件的格式通常用扩展名来区分，扩展名是在用户保存文件时，根据用户所选择的文件类型自动生成的。

Photoshop提供了多种图像文件格式，用户在保存、导入或导出文件时，可根据需要选择不同的文件格式。Photoshop主要支持的文件格式有如下几种：

>>> **PSD格式**

PSD格式是Photoshop自身生成的文件格式，是唯一能支持全部图像颜色模式的格式。以PSD格式保存的图像可以包含图层、通道、颜色模式、调节图层和文本图层。

>>> **JPEG格式**

JPEG格式主要用于图像预览及超文本文档，如HTML文档等。该格式支持RGB、CMYK及灰度等颜色模式。使用JPEG格式保存的图像经过压缩，可使图像文件变小，但会丢失掉部分肉眼不易察觉的色彩。

>>> **GIF格式**

GIF格式可进行LZW压缩，支持黑白、灰度和索引等颜色模式，而且以该格式保存的文件尺寸较小，所以网页中插入的图片通常使用该格式。

>>> **BMP格式**

BMP格式是一种标准的点阵式图像文件格式，支持RGB、索引和灰度模式，但不支持Alpha通道。另外，以BMP格式保存的文件通常比较大。

>>> **TIFF格式**

TIFF格式可在多个图像软件之间进行数据交换，应用相当广泛。该格式支持RGB、CMYK、Lab和灰度等颜色模式，而且在RGB、CMYK和灰度等模式中还支持Alpha通道。

1.4 文件的基本操作 >>

Photoshop CC图像文件的基本操作包括新建、打开、存储和关闭等，掌握这些操作方法是使用Photoshop CC处理图像的前提。

1.4.1 新建图像文件 >>>

新建图像文件是指创建一个自定义尺寸、分辨率和模式的图像窗口，在该图像窗口中可以进行图像的绘制、编辑和保存等操作。选择"文件"→"新建"菜单命令，弹出如图1-16所示的"新建"对话框，其中各选项的含义如下：

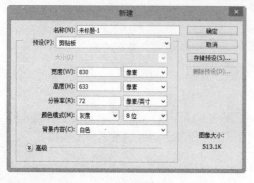

- **"预设"下拉列表框**：使用系统已设参数新建图像文件。
- **"宽度"和"高度"文本框**：用于输入图像文件的尺寸，在各文本框右侧的下拉列表框中可以选择单位。
- **"分辨率"文本框**：用于输入图像文件的分辨率，分辨率越高，图像品质越好，在其右侧的下拉列表框中可选择单位。

■ 图1-16

- **"颜色模式"下拉列表框**：在该下拉列表框中可以选择图像文件的色彩模式，一般使用RGB或CMYK色彩模式。在其右侧的下拉列表框中可选择位深度，这里通常保持默认设置"8位"。
- **"背景内容"下拉列表框**：用于选择图像的背景颜色。其中，"白色"选项表示设置背景色为白色，"背景色"选项表示使用工具箱中的背景色作为图像背景色，"透明"选项表示设置图像背景为无色。
- **"高级"栏**：单击 ⯆ 按钮展开"高级"栏，在其中可设置图像文件的颜色配置文件和像素长宽比，一般保持默认设置。
- **"存储预设"按钮**：用于将当前对话框中设置的参数保存到"预设"下拉列表框中，方便下次使用。

注意

分辨率使用的单位应与宽度、高度使用的单位相对应，如宽度、高度使用"厘米"为单位，则分辨率最好使用"像素/厘米"为单位。

1.4.2 打开图像文件 >>>

使用Photoshop CC可以打开它所支持的一个或多个图像文件，打开图像文件的具体操作步骤如下：

01 启动Photoshop CC，选择"文件"→"打开"菜单命令，如图1-17所示，弹出"打开"对话框。

■ 图1-17

02 在"查找范围"下拉列表框中选择要打
开的图像文件所在的位置，并在列表框
中选择要打开的图像文件，然后单击
"打开"按钮即可，如图1-18所示。

▪ 图1-18

技巧

双击Photoshop界面中部的空白区域，或按下"Ctrl+O"快捷键，也可弹出"打开"对话框。

1.4.3 存储图像文件 »

在对图像文件进行编辑和处理的过程中，应及时对其进行存储，以免遇到计算机死机或
停电等情况，避免造成不必要的麻烦。

» » **直接存储图像文件**

使用Photoshop CC对已有的图像文件进行编辑后，如果不需要改变该图像文件的名称、
保存路径和文件格式等，可选择"文件"→"存储"菜单命令，或者按下"Ctrl+S"组合键直
接对其进行保存。

» » **另存图像文件**

保存新建的图像文件或需要将图像文件以不同的名称、保存路径或文件格式进行保存
时，可选择"文件"→"存储为"命令，在弹出的"存储为"对话框中对图像进行保存。下
面练习对图像进行另存操作，步骤如下：

01 在Photoshop CC中打开任意图像文件，
然后选择"文件"→"存储为"菜单命
令，或者按下"Ctrl+Shift+S"快捷键，
如图1-19所示。

▪ 图1-19

选择图像的保存格式，然后单击"保
存"按钮，如图1-20所示。

▪ 图1-20

提示

此时将弹出格式选项对话框，如"JEPG选项"对
话框，可以在其中根据需要设置图像的保存格式
参数，然后单击"确定"按钮即可。

02 弹出"存储为"对话框，在"保存在"
下拉列表框中选择图像文件的保存路
径，在"文件名"文本框中输入图像文
件的新名称，在"格式"下拉列表框中

1.4.4 关闭图像文件 »»»

当不再需要使用某个图像文件时，可以将其关闭而又不退出Photoshop CC程序，其操作方法主要有以下几种：

◪ 选择"文件"→"关闭"菜单命令，关闭当前图像文件。

◪ 选择"文件"→"全部关闭"菜单命令，关闭打开的所有图像文件。

◪ 按下"Ctrl+W"或"Ctrl+F4"组合键，关闭当前图像文件。

◪ 单击图像窗口右上角的"关闭"按钮 **X** ，关闭相应的图像文件。

练一练 **1.5** 另存为其他格式的图像文件 »»

案例描述 知识要点 素材文件 操作步骤

在使用图片的过程中，常常需要使用指定格式的图像文件，Photoshop CC提供图片格式转换功能，并且支持大部分图像格式。下面练习将一张JPG格式的图片转换为TIF格式的图片。

案例描述 **知识要点** 素材文件 操作步骤

◪ 打开要转换的图像

◪ 另存图像

◪ 选择图像文件格式

案例描述 知识要点 素材文件 **操作步骤**

01 打开"花朵.jpg"素材文件，然后选择"文件"→"存储为"菜单命令，如图1-21所示。

◪ 图1-21

02 弹出"存储为"对话框，指定文件存储路径，在"格式"下拉列表框中选择"TIFF（*.TIF;*.TIFF）"选项，最后单击"保存"按钮即可，如图1-22所示。

◪ 图1-22

提 示

此时将弹出"TIFF选项"对话框，可以在其中根据需要设置图像的保存格式参数，然后单击"确定"按钮即可。

想一想 1.6 疑难解答 》》

问： 在使用Photoshop制作图像时，不同用途的图片一般需要设置多大的分辨率呢？

答： 分辨率是指单位长度或面积上像素的数目，通常由"像素/英寸（ppi）"表示。如果制作的图片只在计算机上显示或网站上使用，则设置分辨率为72ppi或96ppi即可；如果图片需要用于喷绘或印刷，一般分辨率要在200ppi以上，有的要求300ppi或500ppi。

问： 在使用Photoshop CC处理图像文件时，系统突然提示"不能完成XX命令，因为暂存盘已满"，这时该怎么办？

答： 在Photoshop中出现这个问题，主要是因为内存不足。选择"编辑"→"首选项"→"性能"菜单命令，弹出"首选项"对话框。在"暂存盘"选项区域中选择其他盘符作为虚拟内存，然后单击"确定"按钮，如图1-23所示。

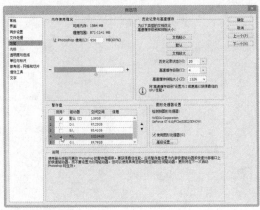

注意

设置暂存盘时，要避开系统盘和Photoshop CC程序的安装盘。

◢ 图1-23

想一想 1.7 学习小结 》》

　　本章学习了Photoshop CC的相关基础知识，包括Photoshop CC的应用领域，软件的安装、启动和退出，图像的相关概念和文件的基本操作等。通过本章的学习，用户可以对Photoshop CC有一个全面的认识。

本章要点：
- ☑ 图像的视图操作
- ☑ 图形的调整
- ☑ 图像的变换操作
- ☑ 撤销和还原操作

第2章
Photoshop CC
基础操作

Chapter

2

学生：在拍照的时候，由于相机有些倾斜，导致照出来的照片也是倾斜的，有没有办法把它调正呢？

老师：你可以将倾斜的照片进行旋转，再进行适当的裁剪，就可以了。

学生：我想把照片上传到网上去，可是照片太大了，无法上传，应该怎么办呢？

老师：你可以使用Photoshop缩小照片尺寸，将照片文件调整到规定的大小范围内，就可以轻松上传了。

了解Photoshop CC的基本操作是进行图像处理的前提。Photoshop CC的基本操作包括更改图像的视图方式，调整图像和画布尺寸，缩放、旋转及翻转图像等。掌握这些基本操作有助于今后进一步学习该软件的使用。

试一试 2.1 调整数码照片的大小 》

【案例描述】 知识要点 素材文件 操作步骤

使用数码相机拍摄的照片尺寸通常较大，有时我们需要对照片大小进行调整。下面练习将一张照片的分辨率调整为1024像素×768像素。

案例描述 【知识要点】 素材文件 操作步骤

- ✓ 打开图像文件
- ✓ 调整图像大小

案例描述 知识要点 素材文件 【操作步骤】

01 启动Photoshop CC，在菜单栏上选择"文件"→"打开"命令，如图2-1所示，弹出"打开"对话框。

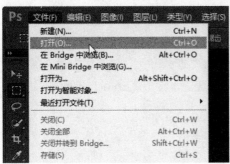

▪ 图2-1

02 在"打开"对话框中，选择需要打开的图像文件，然后单击"打开"按钮，如图2-2所示。

▪ 图2-2

03 在菜单栏上选择"图像"→"图像大小"命令，如图2-3所示，弹出"图像大小"对话框。

▪ 图2-3

04 根据选择图像要调整为的分辨率，然后单击"确定"按钮即可，如图2-4所示。

▪ 图2-4

学一学 **2.2** 图像的视图操作 》

图像窗口是显示图像的场所，在Photoshop CC中打开图像文件时，系统会根据图像文件的大小自动调整显示的比例。用户也可以根据需要，修改图像窗口中的显示效果。

2.2.1 缩放视图 》》

在编辑图像文件的过程中，使用缩放工具可以更好地查看图像的效果，以便进行更精确的编辑。

》》 **放大显示图像**

当图像文件太小，或者需要对图像进行局部编辑或查看时，可以将图像放大显示。其具体操作方法主要有以下几种：

▨ 在菜单栏上选择"视图"→"放大"命令，或者按下"Ctrl++"组合键，可以使图像放大一倍。

▨ 单击工具箱中的"缩放工具"按钮🔍，将鼠标光标移动到图像窗口中，当光标呈🔍显示时单击鼠标左键，图像将以单击处为中心放大一倍。

▨ 在图像窗口中按住鼠标左键并拖动，绘制出一个矩形选框后释放鼠标键，可以将所选区域放大至整个窗口。

▨ 在"导航器"面板中，向右拖动面板底部的滑块，或者单击其右侧的"放大"按钮◢◣，即可放大图像，如图2-5所示。

▨ 在图像窗口状态栏的"显示比例"数值框中输入需要放大显示图像的比例数值后，按下"Enter"键即可。

》 **缩小显示图像**

图像编辑完成后，如果需要预览图像整体效果，可以缩小显示图像。其具体操作方法主要有以下几种：

▨ 在菜单栏上选择"视图"→"缩小"命令，或者按下"Ctrl+-"组合键，即可缩小图像的显示比例。

▨ 单击工具箱中的"缩放工具"按钮🔍，按住"Alt"键并将鼠标光标移动到图像窗口中，当光标呈🔍显示时单击鼠标左键，图像将以单击处为中心缩小一半显示。

▨ 图2-5

▨ 在"导航器"面板中，向左拖动面板底部的滑块，或者单击其左侧的"缩小"按钮◢◣，即可缩小图像。

▨ 在图像窗口状态栏的"显示比例"数值框中输入缩小显示的比例数值后，按下"Enter"键即可。

2.2.2 平移视图 》》

在Photoshop CC中，使用工具箱中的"抓手工具"🖐可以移动画布，以改变图像在窗口中的显示位置。单击工具箱中的"抓手工具"按钮，将鼠标光标移动到图像窗口中，然后按住鼠标左键，拖动至显示图像的位置后，释放鼠标左键即可。

技巧

将鼠标光标移动至"导航器"面板中，光标呈 🖐 显示时，按住鼠标左键拖动红色边框区域，也可以实现视图的平移。

2.2.3 旋转视图 》》

　　使用Photoshop CC的旋转视图功能，可以对当前的图像窗口进行任意旋转。旋转视图工具是在不破坏图像的情况下进行操作的，主要用来帮助用户更好地编辑图像。

　　单击工具箱中的"旋转视图工具"按钮 🖐，将鼠标光标移动到图像窗口中，然后按住鼠标左键进行顺时针或逆时针旋转即可，如图2-6所示。

◪ 图2-6

　　单击"旋转视图工具"对应属性栏中的"复位视图"按钮 复位视图 ，即可将旋转后的视图恢复到原状态。

技巧

双击工具箱中的"旋转视图工具"按钮，或者按下"Esc"快捷键，也可以快速将旋转后的视图恢复原状。

2.2.4 图像的排列方式 》》

　　在Photoshop CC中，图像文件都是以各自独立的图像窗口来显示的，打开多个图像文件时会打开多个图像窗口。为了防止打开过多的窗口后使工作界面看起来混乱，可通过排列图像窗口操作对其进行管理。

◪ **层叠：** 打开多个图像文件后，在菜单栏上选择"窗口"→"排列"→"层叠"命令，图像文件将按打开的先后顺序，从工作界面左上角到右下角以堆叠方式排列图像窗口，如图2-7所示。

◪ 图2-7

▨ **平铺**：在菜单栏上选择"窗口"→"排列"→"平铺"命令，图像文件将以边靠边的方
式排列窗口。关闭某一个图像窗口时，其余的已打开窗口将自动调整大小以填充可用空
间，如图2-8所示。

▨ 图2-8

学一学 **2.3** 图形的调整 ≫

在处理图像文件的过程中，经常需要对图像文件进行调整。图像的调整主要包括图像大
小调整、画布大小调整、移动图像、复制图像及裁剪图像等。下面就对图像的调整进行详细
讲解。

2.3.1 调整图像大小 ≫ ›

调整图像大小包括调整图像的像素大小、文档大小和分辨率。在菜单栏上选择"图
像"→"图像大小"命令，弹出"图像大小"对话框，在该对话框中可以对图像文件的大小
进行调整，如图2-9所示。其中的各选项含义如下：

▨ 图2-9

▨ **"图像大小"项**：显示图像文件大小。

▨ **"尺寸"下拉按钮**：单击该按钮，在
打开的下拉菜单中可以选择图像的尺寸
单位。

▨ **"调整为"下拉列表**：在该下拉列表中
可以快速选择要调整的图像大小。

▨ **"宽度"和"高度"文本框**：用于设置
图像的宽度和高度，通过单击文本框前的🔗图标，可以设置是否约束图像长宽比例。

▨ **"分辨率"文本框**：在创建要打印的图像时，根据图像分辨率指定图像大小。

▨ **"重新采样"复选框**：选中该复选框，将激活"高度"、"宽度"等参数，可以更改像
素大小，取消选择该复选框，像素大小将不发生变化。

2.3.2 调整画布大小 ≫≫

使用"画布大小"命令可以改变画布尺寸的大小，同时可对画布进行一定的裁剪或增
大。下面练习对打开的图像进行画布尺寸的调整。

01 启动Photoshop CC并打开需要调整画布尺寸的图像文件，然后在菜单栏上选择"图像"→"画布大小"命令，如图2-10所示。

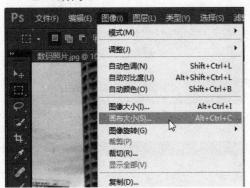

▼ 图2-10

02 弹出"画布大小"对话框，在"新建大小"栏的"宽度"和"高度"文本框中输入新画布的数值，然后单击"确定"按钮即可，如图2-11所示。

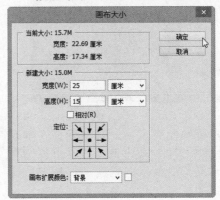

▼ 图2-11

提示

在"画布大小"对话框的"定位"栏中，可以选择画布扩展或裁剪的方向。

2.3.3 移动图像 》》》

在处理图像文件的过程中，经常需要对图像文件进行整体移动或局部移动。单击工具箱中的"移动工具"按钮，在需要移动的图像上按住鼠标左键进行拖动，拖动至目标位置后，释放鼠标左键即可。

提示

移动图像文件不仅能在图像窗口中进行，还可以在两个窗口之间进行移动，即将一个窗口中的图像移动至另一个图像窗口中。

在图像文件中利用选框工具创建选区，然后使用工具箱中的"移动工具"可以对图像文件的局部进行移动。

技巧

如果要精确移动图像，可以在"移动工具"按钮呈按下状态时，使用键盘上的"↑"、"↓"、"←"和"→"方向键进行移动。

2.3.4 裁剪图像 》》》

裁剪图像是通过剪去部分图像来实现尺寸的改变，通过这种方法只能减小图像的尺寸。单击工具箱中的"裁剪工具"按钮，然后按住鼠标左键，在图像窗口中画出裁剪框，最后按下"Enter"键即可。

下面练习对打开的图像进行裁剪操作，具体操作步骤如下：

01 启动Photoshop CC，打开"草莓.jpg"素材文件，在工具箱中单击"裁剪工具"按钮，将鼠标光标移到图像窗口中，当光标呈显示时，按住鼠标左键进行拖动，绘制一个裁剪框，如图2-12所示。

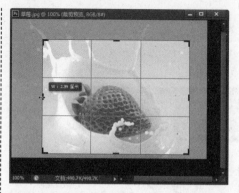

◪ 图2-12

02 裁剪框绘制完成后，释放鼠标左键，将鼠标光标移到变换框四周的控制点上，当其变为双向箭头时，按住鼠标左键并拖动，可调整裁剪框的大小，如图2-13所示。

03 确定裁剪范围后，在裁剪框内双击鼠标左键，或者按下"Enter"键，即可完成图像的裁剪，如图2-14所示。

提示

默认的裁剪方式为"原始比例"裁剪，若要以任意的长宽比例进行裁剪，需要在属性栏中将裁剪方式更改为"不受约束"。

◪ 图2-13

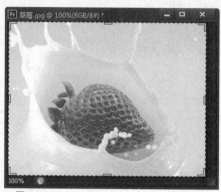

◪ 图2-14

学一学 **2.4** 图像的变换操作 »

图像的变换操作是对所选的图像或区域进行自由变换的操作。在菜单栏上选择"编辑"→"变换".命令，在弹出的子菜单中选择相应的命令，可以使图像实现缩放、旋转、斜切、扭曲、透视、变形、翻转效果。

2.4.1 缩放对象 »»

缩放对象是通过调整控制框来实现图像的任意缩放和等比例缩放。在菜单栏上选择"编辑"→"变换"→"缩放"命令，这时图像文件中显示一个控制框，将鼠标指针移动到控制点上，当指针呈 显示时，按住鼠标左键不放进行拖动，释放鼠标键后按下"Enter"键，即可实现图像的缩放，如图2-15所示。

技巧

在菜单栏上选择"编辑"→"自由变换"命令，或者按下"Ctrl+T"组合键也会显示控制框。通过调整该控制框，可以使图像实现缩放、旋转、移动等效果。

2.4.2 旋转对象 »»»

旋转对象是将图像文件进行顺时针或逆时针旋转。在菜单栏上选择"编辑"→"变换"→"旋转"命令，然后将鼠标指针移动到控制框旁，当指针呈 显示时，按住鼠标左键进行拖动，即可实现图像的旋转操作，如图2-16所示。

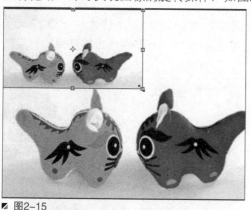
■ 图2-15

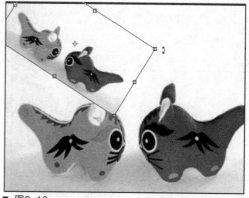
■ 图2-16

提 示

在菜单栏上选择"编辑"→"变换"命令，在打开的子菜单中选择"旋转180度"、"旋转90度（顺时针）"或"旋转90度（逆时针）"命令，即可将图像文件旋转对应的角度。

2.4.3　斜切对象 >>>

斜切对象是以一定的角度对图像进行斜切式变形。在菜单栏上选择"编辑"→"变换"→"斜切"命令，将鼠标指针移动到控制框旁，当指针呈⬌或⬍显示时，按住鼠标左键不放并拖动，即可实现图像的斜切操作，如图2-17所示。

2.4.4　扭曲对象 >>>

扭曲对象是对图像的形状进行任意扭曲操作。在菜单栏上选择"编辑"→"变换"→"扭曲"命令，将鼠标指针移动到控制框的任意一个控制点上，当指针呈▶显示时，按住鼠标左键不放并拖动，即可实现图像的扭曲操作，如图2-18所示。

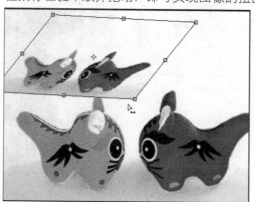
■ 图2-17

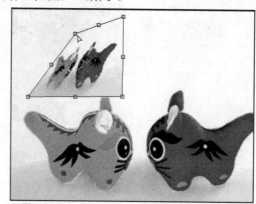
■ 图2-18

2.4.5　透视对象 >>>

透视对象是图像以一定的角度产生一种透视性效果。在菜单栏上选择"编辑"→"变换"→"透视"命令后，将鼠标指针移动到控制框的任意一个控制点上，当指针呈▶显示时，按住鼠标左键不放并拖动，即可实现图像的透视操作，如图2-19所示。

2.4.6 变形对象 >>>

变形对象是通过调整节点上的线条弧度来调整图像的效果。在菜单栏上选择"编辑"→"变换"→"变形"命令，这时图像文件上将显示网格，拖动网格上的节点即可实现变形操作，如图2-20所示。

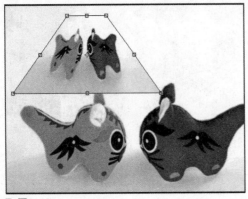

■ 图2-19

■ 图2-20

2.4.7 翻转对象 >>>

翻转对象是对图像进行对称翻转操作。在菜单栏上选择"编辑"→"变换"→"水平翻转"或"垂直翻转"命令，即可得到翻转后的效果图，如图2-21和图2-22所示。

■ 图2-21

■ 图2-22

学一学 2.5 撤销和还原操作 >>>

在编辑图像的过程中，如果执行了一些错误的操作，可通过Photoshop CC提供的撤销和还原操作，将图片恢复为某一个历史操作状态。

2.5.1 使用菜单命令还原图像 >>>

在Photoshop CC的"编辑"菜单中提供了"还原"（Ctrl+Z）、"前进一步"（Shift+Ctrl+Z）和"后退一步"（Alt+Ctrl+Z）命令，用户可以通过这些命令来还原图像到之前的某个操作状态，如图2-23所示。

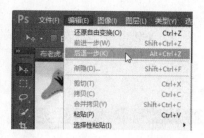

图2-23

2.5.2 使用历史记录还原图像

除了通过菜单命令还原操作步骤之外，还可以通过"历史记录"面板、历史记录画笔工具或历史记录艺术画笔工具来实现图像的还原。

"历史记录"面板

"历史记录"面板记录了对图像进行的多次操作步骤。如果要撤销到某个步骤，可直接在"历史记录"面板中选择某个步骤，这时，该步骤后面的所有操作将被撤销；如果选择被撤销的某个步骤，则恢复该步骤之前所有被撤销的记录，如图2-24所示。

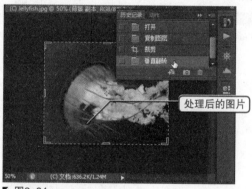

图2-24

历史记录画笔工具

历史记录画笔工具可以将图像的一个状态或快照复制下来，绘制到当前画面中。单击工具箱中的"历史记录画笔工具"按钮，在工具属性栏中设置好画笔大小和模式等参数，然后将鼠标指针移动到图像窗口上，按住鼠标左键不放，在图像中需要恢复的位置进行拖动，鼠标指针经过的地方即可恢复到图像的原来状态，而图像中未修改过的区域则保持不变。

下面通过一个实例来熟悉历史记录画笔工具的使用。

01 启动Photoshop CC，打开"花.jpg"素材文件，如图2-25所示。

图2-25

02 使用橡皮擦工具 ◢ 清除部分图像，如图
2-26所示。

■ 图2-26

03 打开"历史记录"面板，单击需要恢复
到的步骤前的方框，设置历史记录画笔
源，如图2-27所示。

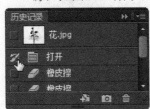

■ 图2-27

04 选中历史记录画笔工具 ◢，设置好画笔
大小，然后在图像中需要恢复的区域按
下鼠标左键并拖动鼠标，鼠标经过的区
域将被还原到历史记录源所在的状态，
如图2-28所示。

■ 图2-28

>>> **历史记录艺术画笔工具**

　　使用历史记录艺术画笔工具还原图像时会使图像产生一定的艺术效果。单击工具箱中的
"历史记录艺术画笔工具"按钮 ◢，在工具属性栏中增加了一个"样式"选项，在该选项的
下拉列表框中选择一种艺术样式，然后将鼠标指针移动到图像窗口中，按住鼠标左键不放并
进行拖动，即可使还原的图像产生艺术效果，如图2-29所示。

■ 图2-29

练一练 2.6 使用透视功能制作开门效果 >>

案例描述 | 知识要点 | 素材文件 | 操作步骤

　　本案例将制作一个开门效果的合成图片，主要练习图片的移动、裁剪、变形以及选区的应用等基本操作。

案例描述 | 知识要点 | 素材文件 | 操作步骤

- ☑ 移动图片
- ☑ 绘制选区
- ☑ 图像的变形操作
- ☑ 删除图像

案例描述 | 知识要点 | 素材文件 | 操作步骤

01 分别打开图像文件"天空.jpg"和"木板.jpg"，如图2-30所示。

▤ 图2-31

03 调整好"木板"图层的位置，然后选择"裁剪工具" ⬚，将图像裁剪为合适的大小，并使"木板"图层完全覆盖"天空"涂层，如图2-32所示。

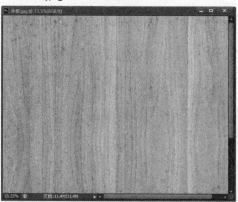

▤ 图2-32

04 选择"矩形选择工具" ▥，在图形下方绘制一个矩形选区作为"门"，如图2-33所示。

▤ 图2-30

02 选择"移动工具" ▶♣，将"木板"图像拖动到"天空"图像上方，如图2-31所示。

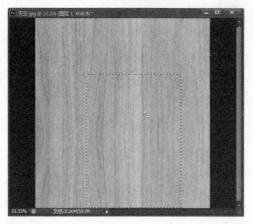

■ 图2-33

05 单击"编辑"→"描边"菜单命令，为选区设置一个深色的边框，宽度为"10像素"，如图2-34所示。

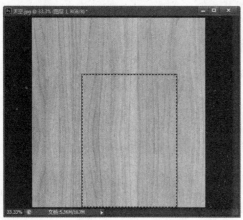

■ 图2-34

06 单击"编辑"→"变换"→"透视"菜单命令，将选区变换为如图2-35所示的形状。

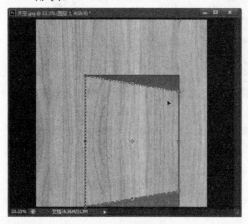

■ 图2-35

07 单击"编辑"→"变换"→"缩放"菜单命令，将选区进一步变换为如图2-36所示的形状。

■ 图2-36

08 按下"Enter"键确认变换，单击"编辑"→"描边"菜单命令，再次为选区设置一个深色的边框，宽度为"15像素"，完成后取消选区即可，最终效果如图2-37所示。

■ 图2-37

09 单击"文件"→"存储"菜单命令，保存图像文件，如图2-38所示。

■ 图2-38

想一想 2.7 疑难解答 >>

问：调整图像大小和调整画布大小有什么区别呢？

答：简单地说，调整图像大小时，图片会根据设定的新尺寸被拉伸或等比例放大缩小；而调整画布的尺寸，则是在原来的图片之外添加一些面积，或裁掉一些画面。

问：在利用"历史记录"面板还原图像时，为什么有些操作不能还原？

答：这是因为"历史记录"面板中设置的操作步骤记录数量太少了。默认情况下，Photoshop的"历史记录状态"数为20。选择菜单栏上的"编辑"→"首选项"→"性能"命令，即可弹出"首选项"对话框，在"历史记录和高速缓存"选项区域中设置"历史记录状态"的数量，然后单击"确定"按钮即可。

想一想 2.8 学习小结 >>

在学习本章的过程中，初学者会接触到许多Photoshop中的快捷键，熟练掌握这些快捷键是成为图像处理高手的必备技能。通过快捷键不但能方便地使用各种工具，还能大大加快图像处理的速度。

第3章

图像选区操作

本章要点:
- ▰ 创建图像选区
- ▰ 编辑与修改选区
- ▰ 选区的填充与描边

Chapter

学生: 老师,如果我只想对图像的部分区域进行调整,其余区域保持不变,那又该如何操作呢?

老师: 为了实现对图像区域的处理,可以先使用工具箱中的选区工具将需要处理的部分限定,然后再对限定部分进行相应的调整。

学生: 那么我们是否可以根据需要创建出不同形状的选区呢?

老师: 使用不同的选区工具可以创建出规则或不规则的选区,配合选区的变换、羽化、填充与描边等操作,还可以制作出不同的效果。

选区的创建与编辑是处理图像的基本操作之一。在Photoshop CC中，创建选区的工具和命令有很多，其适用的场合不同，效果也各不相同。本章将详细介绍如何在Photoshop CC中创建和编辑选区。

3.1 借助魔棒工具轻松抠图 》》

案例描述 知识要点 素材文件 操作步骤

在制作合成图像时，常常需要将一张图片中的某一部分图像截取出来。使用魔棒工具可以方便地识别出相邻的同色区域，下面就介绍使用魔棒工具来实现轻松抠图。

案例描述 **知识要点** 素材文件 操作步骤

◢ 使用魔棒工具

◢ 选区反向

◢ 羽化

案例描述 知识要点 素材文件 **操作步骤**

01 启动Photoshop CC，打开"抠图.jpg"素材文件，如图3-1所示。

◢ 图3-1

02 选择工具箱中的"魔棒工具" ，然后单击图像右侧的空白区域，程序将自动选中该部分的同色区域，如图3-2所示。

◢ 图3-2

03 按住"Shift"键不放，再次单击左侧的小块空白区域，添加选区，如图3-3所示。

◢ 图3-3

04 用鼠标右键单击已选中的选区，在弹出的快捷菜单中选择"选择反向"命令，选中图像中的人物部分，如图3-4所示。

◢ 图3-4

05 在选中的人物选区上单击鼠标右键，在弹出的快捷菜单中选择"羽化"命令，然后在弹出的对话框中设置羽化半径为"20像素"，最后单击"确定"按钮，如图3-5所示。

◪ 图3-5

06 打开"背景.jpg"素材文件，如图3-6所示。

◪ 图3-6

07 选择工具箱中的"移动工具"，然后将之前选中的图像区域拖动到新图像中，如图3-7所示。

08 按下"Ctrl+T"组合键进行图像自由变换，将抠取的图像缩放到背景图像的左侧区域，如图3-8所示。

◪ 图3-7

◪ 图3-8

09 缩放完成后按下"Enter"键，一幅合成图像即制作完成，最终效果如图3-9所示。

◪ 图3-9

学学 3.2 创建图像选区 ≫

在Photoshop中编辑图像时，经常需要在选区中进行操作，因此，是否能创建出合适的选区，是实际操作中要解决的重要问题之一。下面就来详细介绍创建选区的各种工具。

3.2.1 使用选框工具创建规则选区 » »

选框工具是常用的选区创建工具，使用它们可以创建出固定形状的选区。使用方法是在工具箱中的"矩形选框工具"上单击鼠标右键，在弹出的工具列表中选择需要的选框工具后，将在菜单栏下方显示出相应的工具属性栏。

不同的选框工具对应的属性栏中的选项基本相同。下面以矩形选框工具属性栏为例，学习各个选项的作用，如图3-10所示。

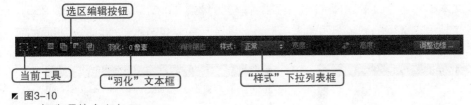

▨ 图3-10

各选项的含义如下：

▨ **当前工具**：显示当前选区创建工具，如果单击右侧的下拉按钮，在打开的面板中单击 按钮，可以在弹出的面板中创建新的工具预设。

▨ **选区编辑按钮** ：单击该组中的某一个按钮，即选择相应的选区编辑方式。"新选区"按钮用于新建选区；"添加到选区"按钮用于在原有选区的基础上增加选区，新选区为二者相加后的区域；"从选区减去"按钮用于在原有选区的基础上减去选区，新选区为二者相减后的区域；"与选区交叉"按钮用于在原有选区的基础上叠加一个选区，新选区为两个选区相交的区域。

▨ **"羽化"文本框**：用于设置羽化范围，单位为像素（px），可以使选区边缘更加柔和，默认值为"0 px"，即不设置羽化范围。

▨ **"样式"下拉列表框**：单击右侧的下拉按钮，在弹出的下拉列表框中可选择选区样式。

» » **矩形、椭圆选框工具**

单击工具箱中的"矩形选框工具"按钮，设置其对应的属性栏后，在图像窗口中按下鼠标左键并拖动鼠标，即可创建矩形选区。

单击工具箱中的"椭圆选框工具"按钮，设置其对应的属性栏后，在图像窗口中按下鼠标左键并拖动鼠标，即可创建椭圆形选区。

▎ 技 巧 ▎

如果要创建正方形或正圆形选区，则要在按住"Shift"键的同时按住鼠标左键拖动鼠标；如果在按住"Shift + Alt"组合键的同时按住鼠标左键并拖动，则可由中心点创建正方形或正圆形选区。

» » **单行、单列选框工具**

在工具箱中单击"单行选框工具"按钮或"单列选框工具"按钮，设置其对应的属性栏后，可以创建单行选区或单列选区。单行选区指1像素宽度，沿图像水平方向的选区；而单列选区指1像素高度，沿图像垂直方向的选区。

3.2.2 使用魔棒工具组快速选择同色区域 » »

魔棒工具组主要用于快速选择相似的区域，包括魔棒工具和快速选择工具，下面分别进行讲解。

>> 魔棒工具

　　使用"魔棒工具"可以快速选取图像中颜色相同或相近的区域，适用于选择颜色和色调变化不大的图像。在工具箱中单击"魔棒工具"按钮后 ，其属性栏如图3-11所示。

图3-11

　　其中的各项含义如下：

■ **"容差"文本框**：用于设置选择的颜色范围，单位为像素（px），取值范围为0~255。输入的数值越大，选择的颜色范围越大；反之，则选择的颜色范围越小。输入不同的容差值，选取的范围效果如图3-12所示。

图3-12

■ **"消除锯齿"复选框**：选中该复选框可消除选区边缘的锯齿。

■ **"连续"复选框**：选中该复选框，表示只选择颜色相同的连续图像，如果取消选中该复选框，可在当前图层中选择颜色相同的所有图像。

■ **"对所有图层取样"复选框**：当图像文件含有多个图层时，选中该复选框表示选择对图像中的所有图层均有效；如果取消选择，则魔棒工具的选择操作只对当前图层有效。

技巧

使用"魔棒工具"选择颜色单一的图像时，只需在图像上单击鼠标左键即可。对于颜色有差异的图像，可以在选择时按住"Shift"键，再将光标移至不同的位置单击即可。

>> 快速选择工具

　　使用"快速选择工具" 可以像画画一样快速选择目标图像。在拖动鼠标光标时，选区会自动向外扩展，跟随图像定义的边缘。

　　下面练习使用快速选择工具，快速选择图像文件中的花瓣，具体操作步骤如下：

01 打开"蝴蝶与花.jpg"素材文件，然后单击工具箱中的"快速选择工具"按钮 ，如图3-13所示。

图3-13

02 将光标移到图像窗口中，当光标呈⊕显示时单击要选择的图像，如图3-14所示。

■ 图3-14

03 在图像窗口中，按住鼠标左键不放并拖动鼠标，即可创建所需选区，如图3-15所示。

■ 图3-15

"快速选择工具"属性栏中各按钮的含义如下：

- "新选区"按钮 ：系统默认选择该按钮，创建初始选区后，此选项将自动更改为"添加到选区"按钮。
- "添加到选区"按钮 ：单击该按钮，可以在原有的选区基础上添加新的选区范围。
- "从选区减去"按钮 ：单击该按钮，可以在原有的选区基础上减去鼠标拖动处的图像区域。
- "自动增强"复选框：勾选该复选框，可以减少选区边界的粗糙度。

》》》 "色彩范围"命令

如果需要在图像中创建某种颜色的选区，使用"色彩范围"命令会比使用魔棒工具更加方便。在菜单栏上选择"选择"→"色彩范围"命令，打开"色彩范围"对话框，根据需要调整好参数后，单击"确定"按钮，即可对图像文件进行创建选区的操作，如图3-16所示。

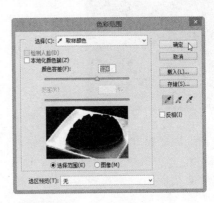

■ 图3-16

该对话框中的各项含义如下：

- "选择"下拉列表框：单击右侧的 按钮，在弹出的下拉列表框中选择预设颜色的范围。
- "颜色容差"文本框：用于设置选择颜色的范围，数值越大，选择颜色的范围越大；反之，则选择颜色的范围越小，创建选区的范围也越小。通过拖动其下方的滑块也可以调整数值的大小。
- 预览区：选中"选择范围"单选按钮后，在预览区中以白色表示被选择的区域，以黑色表示未被选择的区域；选中"图像"单选按钮后，预览区内将显示原图像。
- "选区预览"下拉列表框：用于设置预览区中选取区域的预览方式。默认选项为

“无”，表示不显示选择范围的预览图像。

- 吸管工具组：单击按钮，可以在预览区中单击取样颜色；和按钮分别用于增加和减少选择的颜色范围。

3.2.3 使用套索工具组绘制自定义选区

使用套索工具组，可以创建不规则的选区。在工具箱的“套索工具”按钮上单击鼠标右键，在弹出的下拉菜单中选择需要的工具即可，其中包括套索工具、多边形套索工具和磁性套索工具。

选择相应的工具后，菜单栏下方将显示出该工具对应的属性栏。它和选框工具属性栏的选项基本相同，只是“消除锯齿”复选框在这里变为可选状态。如果选中该复选框，则创建出的选区边缘不会出现起伏不平的锯齿形状。

套索工具

使用“套索工具”以创建任意形状的选区，单击工具箱中的“套索工具”按钮后，只需在图像窗口中按住鼠标左键并拖动，释放鼠标键后，即可创建选区。

下面练习使用“套索工具”创建选区，选择图像文件中的花朵。

01 打开“花.jpg”图像文件，然后单击工具箱中的“套索工具”按钮，如图3-17所示。

图3-17

02 将鼠标光标移到图像窗口中，当光标呈显示时，按住鼠标左键并拖动。沿拖动轨迹将绘制出一条曲线，如图3-18所示。

图3-18

03 回到起始位置，形成一个闭合的区域后，释放鼠标键，即可创建选区，如图3-19所示。

图3-19

多边形套索工具

使用“多边形套索工具”可以创建具有直线轮廓的选区。在图像文件中单击创建选区的起始点，然后沿轨迹单击鼠标左键定义选区中的其他端点，最后将鼠标光标移动到起始点处，当光标呈显示时单击，即可创建出选区。

下面练习使用“多边形套索工具”创建选区，选择图像文件中的包装盒。

01 打开“沙发.jpg”图像文件，然后单击工具箱中的“多边形套索工具”按钮，如图3-20所示。

■ 图3-20

02 在包装盒的左上角单击鼠标左键，然后沿着包装盒的轮廓不断单击，创建出一个选区，如图3-21所示。

■ 图3-21

技巧

使用"多边形套索工具"创建选区时，按住"Shift"键并拖动鼠标，可按水平、垂直或45°方向绘制线条；按下"Delete"或"Esc"键，可以删除最近产生的节点及相应的线条。

03 回到起始位置，当光标呈 ☑ 显示时单击，即可完成选区的创建，如图3-22所示。

■ 图3-22

技巧

在使用"多边形套索工具"创建选区时，如果终点没有回到起始点，可以双击鼠标左键，程序将自动以直线连接起始点和终点，强行构成封闭的多边形选区。

>> >> **磁性套索工具**

使用"磁性套索工具" ☑ 可以为图像文件中颜色反差较大的区域创建选区。在图像的某一位置单击鼠标左键后，沿需要的轨迹拖动鼠标，系统将自动在鼠标移动的轨迹上选择对比度较大的边缘产生节点，当鼠标回到起始点时单击鼠标左键，即可创建需要的选区。

下面练习使用"磁性套索工具" ☑，为图像文件中的沙发创建选区。

01 打开"沙发.jpg"图像文件，然后单击工具箱中的"磁性套索工具"按钮 ☑，如图3-23所示。

02 将鼠标光标移到图像窗口中，当鼠标光标呈 ☑ 显示时，在图像的边缘单击以确定起始点，如图3-24所示。

■ 图3-23

■ 图3-24

03 按住鼠标左键不放，沿需要选择的区域移动鼠标，将产生一条曲线，自动附着在图像周围，且每隔一段距离将生成一个节点，如图3-25所示。

04 回到起始点，当鼠标光标呈 🔾 显示时，单击鼠标，即可闭合轨迹曲线，创建选区，如图3-26所示。

◪ 图3-25

◪ 图3-26

学一学 **3.3** 编辑与修改选区 »

在Photoshop CC中还可以对创建的选区进行编辑，使其更符合用户的需要。编辑选区包括对选区进行移动、修改、变换、反选与取消、羽化、存储与载入等操作。

3.3.1 移动选区 »»»

在任意选择工具处于选中的状态下，将鼠标光标移至选区区域边缘，当鼠标指针呈 ▷ 显示时，按住鼠标左键不放，拖动至目标位置，即可移动选区，如图3-27所示。

移动选区前

移动选区后

◪ 图3-27

技巧

移动选区时，按住"Shift"键，可使选区在水平、垂直或45°斜线方向上移动；按下方向键可以每次以1像素为单位移动选区；按住"Shift"键的同时按下方向键，则可以每次以10像素为单位移动选区；按住"Ctrl+Alt"组合键的同时拖动选区，可以将选区复制为新图层。

3.3.2 修改选区 »»»

通过修改选区可以使选区范围增减或相交，以及扩大或缩小选区范围，这样可以使创建的选区更符合用户需求。

>>> **增减和相交选区**

通过选区属性栏中的选区编辑按钮■■■■，可以增加、减去或相交选区，来更准确地控制选区的范围和形状。

下面练习使用选区属性栏中的编辑按钮，对选区进行编辑，使其更符合需要。

01 新建一个空白的图像文件，使用"椭圆选框工具"■在图像文件中任意绘制一个选区，如图3-28所示。

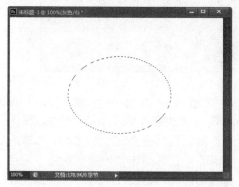

■ 图3-28

02 单击选区工具属性栏中的"添加到选区"按钮■，然后将鼠标光标移到图像窗口中，当其右下角出现"＋"号时，拖动鼠标创建新选区，此时创建的新选区将与原选区进行合并，如图3-29所示。

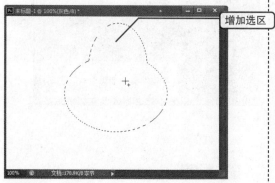

增加选区

■ 图3-29

03 单击属性栏中的"从选区减去"按钮■，然后将鼠标光标移到图像窗口中，当其右下角出现"－"号时，拖动鼠标创建新选区，此时将从原选区中减去与新选区相交的区域，如图3-30所示。

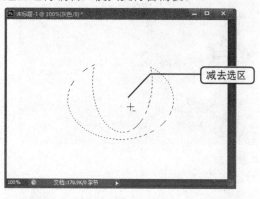

减去选区

■ 图3-30

04 单击属性栏中的"与选区交叉"按钮■，然后将鼠标光标移到图像窗口中，当其右下角出现"×"号时，拖动鼠标创建新选区，此时将只保留新选区与原选区相交的区域，如图3-31所示。

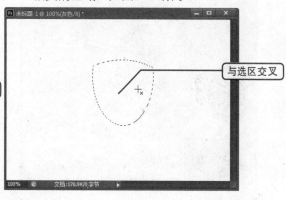

与选区交叉

■ 图3-31

> **技巧**
>
> 属性栏中的"新选区"按钮■，表示在图像窗口中拖动鼠标创建的新选区将覆盖原选区。在创建过程中，按住"Shift"键可添加选区，按住"Alt"键可减去选区，按住"Alt＋Shift"组合键可选择相交选区。

>>> **扩大和缩小选区**

创建选区后，若不满意选区的范围，可对其进行扩大或缩小调整。

01 打开"扇子.jpg"图像文件，使用任意一种选区工具创建选区，如图3-32所示。

■ 图3-32

02 在菜单栏上选择"选择"→"修改"→"扩展"命令,弹出"扩展选区"对话框。在"扩展量"文本框中输入"20",然后单击"确定"按钮。应用修改后,选区向外扩展,如图3-33所示。

■ 图3-34

04 在菜单栏上选择"选择"→"修改"→"边界"命令,弹出"边界选区"对话框。在"宽度"文本框中输入"30",然后单击"确定"按钮。应用修改后,选区的边界将同时向内和向外扩边,如图3-35所示。

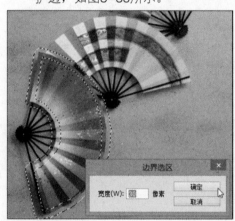

■ 图3-33

03 在菜单栏上选择"选择"→"修改"→"收缩"命令,弹出"收缩选区"对话框。在"收缩量"文本框中输入"20",然后单击"确定"按钮。应用修改后,选区将向内缩小,如图3-34所示。

■ 图3-35

提示

选择"选择"→"修改"→"平滑"命令,弹出"平滑选区"对话框,在"取样半径"文本框中输入1~100之间的整数,可以使选区边缘变得连续而平滑。

3.3.3 变换选区 >>>

用户还可以对选区进行缩放、旋转和改变选区形状等操作。变换选区时,图像文件不会发生任何改变。使用任意一种选区工具创建选区后,在菜单栏上选择"选择"→"变换选区"命令,将在选区的四周出现一个带有控制点的变换框,如图3-36所示。

使用鼠标拖动变换框的控制点，可以对选区进行如下调整：

■ **缩放选区**：将鼠标移至选区变换框上的任意一个控制点上，当光标呈 ↔ 显示时拖动鼠标，可调整选区的大小。

■ **旋转选区**：将鼠标移至选区之外，当光标呈 ↻ 显示时，拖动鼠标即可旋转选区。

■ **移动选区**：将鼠标移至选区内，当光标呈 ▶ 显示时，拖动鼠标即可移动选区。

调整结束后可以按下"Enter"键确认变换效果，或者按下"Esc"键取消变换，使选区保持原状。

■ 图3-36

技巧

在变换框中单击鼠标右键，在弹出的快捷菜单中将列出更多的变换命令。选择所需命令后拖拉变换框的各控制点，可以对选区进行相应变换。

3.3.4 反选与取消选区 »»

有的图像文件可能不需要选取的区域会比需要选取的区域更加容易选取，这时就可以使用"反向"命令来反选图像。当不需要再选取图像时，还可以取消选区。

» » **反选选区**

反选选区是指选择图像中除选区以外的其他图像区域。反选选区主要有以下几种操作方法：

■ 在选区中单击鼠标右键，在弹出的快捷菜单中选择"选择反向"命令即可。

■ 按下"Ctrl+Shift+I"组合键，即可快速反选选区。

■ 选择选区后，在菜单栏上选择"选择"→"反选"命令，即可反选选区。

» » **取消选区**

创建选区后，要取消所有的选区，主要有以下几种操作方法：

■ 按下"Ctrl+D"组合键，即可快速取消选区。

■ 在菜单栏上选择"选择"→"取消选择"命令，即可取消选区。

■ 使用任意选区创建工具，在图像中任意处单击，即可取消选区。

3.3.5 羽化选区 »»

"羽化"命令可以使选区边缘变得柔和，使选区内的图像自然地过渡到背景中。创建选区后，在菜单栏上选择"选择"→"修改"→"羽化"命令，弹出"羽化选区"对话框，在"羽化半径"文本框中输入羽化值，单击"确定"按钮即可羽化该选区，如图3-37所示。

执行"羽化"命令后不能立即通过选区看到图像效果，需要对选区内的图像进行移动、填充等编辑后才可看到图像边缘的柔化效果，如图3-38所示。

■ 图3-37

原图

羽化后

◪ 图3-38

提 示

创建选区前，在属性栏的"羽化"文本框中输入一定数值后再创建选区，这时创建的选区将带有羽化效果。

3.3.6 存储与载入选区 »»

　　创建选区后，如果需要多次使用该选区，可以将其进行存储，在需要使用的时候再通过载入选区的方式将其载入到图像中。在菜单栏上选择"选择"→"存储选区"命令，弹出"存储选区"对话框，如图3-39所示。

◪ 图3-39

该对话框中的各选项含义如下：

◪ **"文档"下拉列表框：** 用于设置保存选区的目标图像文件。如果选择"新建"选项，则保存选区到新图像文件中。

◪ **"通道"下拉列表框：** 用于设置存储选区的通道。

◪ **"名称"文本框：** 输入要存储选区的新通道名称。

◪ **"新建通道"单选按钮：** 选择该单选按钮表示为当前选区建立新的目标通道。

　　要载入选区时，只要在菜单栏上选择"选择"→"载入选区"命令，便可弹出"载入选区"对话框。在"文档"下拉列表框中选择保存选区的目标图像文件，在"通道"下拉列表框中选择存储选区的通道名称，在"操作"栏中可控制载入选区与图像中现有选区的运算方式。完成后单击"确定"按钮即可载入所需的选区，如图3-40所示。

◪ 图3-40

3.4 选区的填充与描边 >>

选区编辑完成后，还可以对选区内的图像进行填充和描边，使选区更加美观。下面就对选区的填充和描边进行介绍。

3.4.1 填充选区 >> >

填充选区是指以前景色、背景色或图案填充选区范围内的图像，其方法有使用"填充"命令和使用渐变工具两种。

>> >> **使用"填充"命令填充**

使用"填充"命令可以对选区填充前景色、背景色、图案、快照等内容。在菜单栏上选择"编辑"→"填充"命令，弹出"填充"对话框，如图3-41所示。

该对话框中的各选项含义如下：

▨ 图3-41

☑ **"使用"下拉列表框**：在该下拉列表框中可以选择填充时所使用的对象，包括"前景色"、"背景色"、"颜色"、"图案"、"历史记录"、"黑色"、"50%灰色"和"白色"等选项，选择相应的选项，即可使用相应的颜色或图案进行填充。

☑ **"自定图案"下拉列表框**：当在"使用"下拉列表框中选择了"图案"选项后，将激活该下拉列表框，用户可在其中选择所需的图案样式进行填充。

☑ **"模式"下拉列表框**：在该下拉列表框中可以选择填充的混合模式。

☑ **"不透明度"文本框**：用于设置填充内容的不透明度。

☑ **"保留透明区域"复选框**：选中该复选框后，进行填充时将不影响图层中的透明区域。

设置好对话框中的参数后，单击"确定"按钮，即可填充图像选区。使用前景色和图案填充图像选区后的效果如图3-42所示。

使用前景色填充

使用图案填充

▨ 图3-42

技巧

设置好前景色或背景色后，按下"Alt+Delete"组合键，可以使用前景色填充图像选区；按下"Ctrl+Delete"组合键，可以使用背景色填充图像选区。

>>> **使用渐变工具填充**

使用渐变工具可以对图像选区或图层进行渐变填充。在工具箱中单击"渐变工具"按钮 ■，打开其对应的属性栏，如图3-43所示。

■ 图3-43

属性栏中的各选项含义如下：

☑ **"渐变色选择"下拉列表框**：系统提供了16种颜色渐变模式。单击该下拉列表框面板右上角的 ⊙ 按钮，在弹出的菜单中选择"载入渐变"命令，可以在打开的对话框中载入更多渐变种类。

☑ **"渐变样式"按钮组** ■ ■ ■ ■ ■：单击这些按钮可选择渐变样式。"线性渐变" ■ 表示从起点到终点以直线方向进行颜色的逐渐改变；"径向渐变" ■ 表示以圆形图案沿半径方向进行渐变；"角度渐变" ■ 表示围绕起点按顺时针方向进行渐变；"对称渐变" ■ 表示在起点两侧进行对称性渐变；"菱形渐变" ■ 表示从起点向外侧以菱形方式进行渐变。

☑ **"模式"下拉列表框**：用于设置填充渐变颜色后与其下方图像采用何种模式进行混合。各选项与图层的混合模式作用相同。

☑ **"不透明度"文本框**：用于设置填充渐变颜色的不透明程度。

☑ **"反向"复选框**：选中该复选框后产生的渐变色将与设置的颜色渐变顺序相反。

☑ **"仿色"复选框**：选中该复选框，将使用递色法来表现中间色调，使渐变效果更加平滑。

☑ **"透明区域"复选框**：选中该复选框，可使用渐变的蒙版填充颜色。

提示

设置好渐变颜色、样式和模式等参数后，将鼠标光标移到图像窗口中的适当位置，按住鼠标拖动到另一位置后释放鼠标键，即可应用渐变填充。需要注意的是，在进行渐变填充时，拖动的起始点和拖动方向或长短不同，其渐变效果会有所不同。

>>> **使用油漆桶工具填充**

使用油漆桶工具可以对选区或图层填充指定的颜色或图案，其着色范围取决于临近像素的颜色与被单击像素颜色间的相似程度。在工具箱中单击"油漆桶工具"按钮 ■ 后，打开其对应的属性栏，如图3-44所示。

■ 图3-44

属性栏中的各选项含义如下：

☑ **"填充"下拉列表框**：用于设定填充的方式。若选中"前景"选项，则使用前景色填充；若选中"图案"选项，则使用定义的图案填充。

☑ **"图案"下拉列表框**：用于设置填充时的图案。

☑ **"消除锯齿"复选框**：选中该复选框，可去除填充后的锯齿状边缘。

☑ **"连续的"复选框**：选中该复选框，将只填充连续的像素。

☑ **"所有图层"复选框**：选中该复选框，可设定填充对象为所有的可见图层，取消选中该复选框，则只有当前图层可被填充。

3.4.2 描边选区 »»

对图像选区进行处理的过程中，经常要用到"描边"命令。描边选区指沿着创建的选区边缘进行描绘，即为选区边缘添加颜色和设置宽度。在菜单栏上选择"编辑"→"描边"命令，弹出"描边"对话框，如图3-45所示。

该对话框中的各选项含义如下：

■ **"宽度"文本框**：在文本框中输入数值，可设置描边的宽度。

■ **"颜色"选择框**：单击其右侧的颜色块，将弹出"拾色器"对话框，在其中可设置描边的颜色。

■ **"位置"栏**：用于选择描边的位置，选中"内部"单选按钮，表示在选区边框以内描边；选中"居中"单选按钮，表示以选区边框为中心描边；选中"居外"单选按钮，表示在选区边框以外描边。

■ **"模式"下拉列表框**：用于设置描边的混合模式。

■ **"不透明度"文本框**：用于设置描边的不透明度。

■ 图3-45

■ **"保留透明区域"复选框**：选中该复选框，则描边时将不影响原来图层中的透明区域。

练一练 3.5 为数码照片制作相框 »»

案例描述 | 知识要点 | 素材文件 | 操作步骤

本案例练习为数码照片制作相框，以练习图像选区的相关操作。

案例描述 | **知识要点** | 素材文件 | 操作步骤

■ 选区的创建

■ 选区的填充

■ 选区的描边

案例描述 | 知识要点 | 素材文件 | **操作步骤**

01 单击"文件"→"打开"命令，打开"数码照片.jpg"素材图片，如图3-46所示。

■ 图3-46

02 单击"图像"→"画布大小"菜单命令，在弹出的对话框中勾选"相对"复选框，并设置"宽度"和"高度"为"1厘米"，完成后单击"确定"按钮，如图3-47所示。

■ 图3-47

03 选择"魔棒工具" ，单击数码照片外侧的白色区域，选中该选区，如图3-48所示。

■ 图3-48

04 选择"油漆桶工具" ，选择一种喜欢的颜色作为前景色，在白色选区中单击鼠标左键，如图3-49所示。

■ 图3-49

05 单击"选择"→"反向"菜单命令，使选区反选，如图3-50所示。

■ 图3-50

06 单击"编辑"→"描边"菜单命令，在弹出的对话框中选择一种与相片外边框不同的颜色，设置宽度为"25像素"，如图3-51所示。

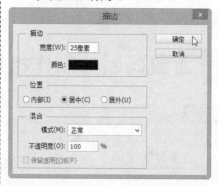

■ 图3-51

07 单击"确定"按钮，最后在图像中取消选区即可，最终效果如图3-52所示。

■ 图3-52

想一想 3.6 疑难解答 »

问：在移动选区时，为什么选区内的图像也会跟着移动？

答：这是因为在移动选区时，选择了"移动工具" 。如果想只移动选区而不移动选区内的图像，应确保当前的工具是创建选区工具中的任意一种。

问：在移动选区时，可以将当前图像中的选区移动到其他图像窗口中吗？

答：当然可以。在处理图像的过程中，经常需要将当前图像中的选区或选区内的图像移动到另一个图像窗口中，下面将分别介绍这两种功能：

◣ 移动选区到另一个图像窗口，是在当前图像窗口中创建选区后，确保当前的工具是创建选区工具的一种，然后将鼠标指针移动到选区内，按住鼠标左键不放并拖动到另一个图像窗口中，完成后释放鼠标，即可完成选区的移动操作。

◣ 移动选区内的图像到另一个图像窗口，是在当前图像窗口中创建选区后，在工具箱中单击"移动工具"按钮 ，然后将鼠标指针移动到选区内，按住鼠标左键不放并拖动到另一个图像窗口中，完成后释放鼠标，即可将选区内的图像移动到另一窗口中。

想一想 3.7 学习小结 »

大部分的图像处理和制作都离不开选区的操作，熟练掌握选区的操作后，就能够随心所欲地选取图像中需要的区域。在各种选区工具中，魔棒工具和磁性套索工具的作用比较特殊，操作技巧性也比较强，读者应多加练习。

第4章

绘制与修饰图像

本章要点：
- 图像绘制
- 照片修复
- 照片美化

Chapter

4

学生：老师，我想使用Photoshop CC对拍摄的照片进行美化，比如去除人物皱纹、黑斑和红眼等，应该怎样进行操作呢？

老师：Photoshop CC提供了多种图像修饰工具，通过它们可以快速去除图像中的杂色，并调整图像的色调和色彩，使图像中的颜色产生自然流动。

学生：太好了，学习了这些修饰工具后，我就可以自己制作出许多漂亮的照片了！

在绘制图像的过程中，经常会发现导入的素材图像不能完全满足设计的需求，这时就需要对图像进行绘制和修饰。Photoshop CC为用户提供了强大的绘制工具和修饰工具，下面就来详细讲解怎样在Photoshop CC中绘制与修饰图像，并制作出完美的图像效果。

4.1 绘制艺术照背景 》

| 案例描述 | 知识要点 | 素材文件 | 操作步骤 |

本案例将绘制有枫叶背景效果的艺术照，主要练习选区的创建、羽化、画笔工具的设置和使用等。

| 案例描述 | **知识要点** | 素材文件 | 操作步骤 |

- 选区的操作
- 设置和使用画笔工具

| 案例描述 | 知识要点 | 素材文件 | **操作步骤** |

01 启动Photoshop CC，打开"茶杯犬.jpg"素材文件，如图4-1所示。

■ 图4-1

02 单击工具箱中的"椭圆选区工具"按钮，然后在图像区域上创建选区，如图4-2所示。

■ 图4-2

03 选择"选择"→"修改"→"羽化"菜单命令，在弹出的"羽化选区"对话框中设置"羽化半径"为"40像素"，然后单击"确定"按钮，如图4-3所示。

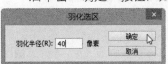

■ 图4-3

04 按下"Shift+Ctrl+I"组合键，对选区进行反向选择，设置背景色为白色，然后按下"Ctrl+Delete"组合键，以背景色填充选区，如图4-4所示。

■ 图4-4

05 单击工具箱中的"画笔工具"按钮，然后在该工具的属性栏中单击"切换画笔面板"按钮，弹出"画笔"面板。在该面板的"画笔笔尖形状"列表框中选择"74散布枫叶"画笔样式，如图4-5所示。

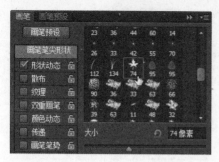

■ 图4-5

06 在左侧列表中选中"形状动态"和"散布"复选框，其中"散布"选项中各参数的设置如图4-6所示。

■ 图4-6

07 选中"双重画笔"复选框，在其列表框中选择"95散布叶片"画笔样式，这时可以在预览框中看到画笔效果，如图4-7所示。

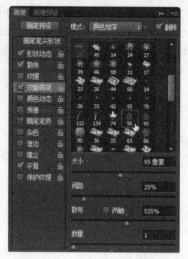

■ 图4-7

08 设置前景色为R：248、G：184、B：18，背景色为R：244、G：72、B：21，然后将鼠标指针移动到图像中，按住鼠标左键并进行拖动，即可绘制出如图4-8所示的效果图。

■ 图4-8

4.2 设置绘图颜色 》

在绘图之前，首先要做的就是设置绘图颜色。在Photoshop中有多种方法可设置绘图颜色，包括工具箱、吸管工具、"颜色"面板和"色块"面板等，下面分别讲解。

4.2.1 设置前景色和背景色 》》

前景色是用于显示当前绘图工具的颜色，背景色是用于显示图像的底色。默认情况下，前景色为黑色、背景色为白色，单击前景色或背景色图标，在弹出的"拾色器"对话框中可设置其他颜色，如图4-9所示。

■ 图4-9

技巧

单击工具箱上的 ![图标]按钮，可以使前景色和背景色互换；单击 ![图标]按钮能将前景色和背景色恢复到默认的黑色和白色。

4.2.2 吸管工具 »»

使用吸管工具可在图像中拾取所需要的颜色作为前景色和背景色。单击工具箱中的"吸管工具"按钮 ![图标]，然后将鼠标指针移动到图像中，单击需要的颜色，即可选择出新的前景色。

提示

如果要将吸管工具所拾取的颜色作为背景色，可在单击的同时按住"Ctrl"键来实现。

4.2.3 颜色取样器工具 »»

颜色取样器工具是对颜色进行采样，它不能直接选取颜色，但可以通过设置取样点来获取颜色信息。单击工具箱上的"颜色取样器工具"按钮 ![图标]，然后在需要的颜色上进行单击，即可设置颜色取样点，如图4-10所示。

提示

在同一个图像中，最多可以设置4个取样点，同时可在"信息"面板中查看取样点的颜色信息。

◪ 图4-10

4.2.4 "颜色"面板 »»

使用"颜色"面板可以对前景色和背景色进行精确、快速的设置。在菜单栏上选择"窗口"→"颜色"命令，即可弹出"颜色"面板，在该面板中单击前景色或背景色图标，然后拖动各参数的滑动块或在数值框中输入颜色值，即可改变前景色和背景色，如图4-11所示。

在"颜色"面板中单击右上角的 ![图标]按钮，在弹出的快捷菜单中可以选择颜色值滑块或颜色色谱，如图4-12所示。

◪ 图4-11

灰度滑块
✓ RGB 滑块
HSB 滑块
CMYK 滑块
Lab 滑块
Web 颜色滑块

将颜色拷贝为 HTML
拷贝颜色的十六进制代码

RGB 色谱
✓ CMYK 色谱
灰度色谱
当前颜色

建立 Web 安全曲线

关闭
关闭选项卡组

◪ 图4-12

技巧

在"颜色"面板中单击颜色取样条中的颜色，可以设置前景色或背景色；单击颜色取样条右边的白色或黑色块，可以直接将前景色或背景色设置为黑色或白色。

4.2.5 "色板"面板 >>>

在Photoshop CC的"色板"面板中提供了多种预置好的颜色，用户只需要在色样上单击鼠标左键，即可改变前景色和背景色，如图4-13所示。

在"色板"面板中，将鼠标指针移动到面板的空白处，当指针变成🖐形状时，单击鼠标左键，在弹出的"色板名称"对话框中输入名称，然后单击"确定"按钮，即可将当前使用的颜色进行保存，如图4-14所示。

■ 图4-13   ■ 图4-14

4.3 图像绘制 >>

在Photoshop CC中，不仅可以对图像文件进处理，还可以使用图像绘制工具绘制图像。画笔工具组包含画笔工具、铅笔工具、颜色替换工具和混合器画笔工具，它们的作用和效果各有不同。

4.3.1 使用画笔工具绘制线条 >>>

使用画笔工具可以绘制出比较柔软的笔触。在工具箱中单击"画笔工具"按钮✐，在其对应的属性栏中设置合适的参数，然后在打开的图像中单击并拖动鼠标即可，如图4-15所示。

■ 图4-15

画笔工具属性栏中各个选项的作用如下：

▨ **"工具"下拉列表框**：单击✐按钮右侧的下拉按钮，在弹出的下拉列表中显示出预设的当前工具的若干选项，如图4-16所示。

▨ **"画笔"下拉列表框**：用来设置画笔笔尖的大小和样式，单击右侧的下拉按钮，可打开"画笔设置"下拉列表。单击列表右侧的⚙按钮，在弹出的子菜单中可选择更多的画笔，如图4-17所示。

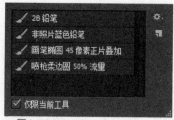

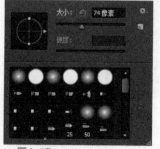

■ 图4-16   ■ 图4-17

▨ **"切换到画笔面板"按钮**：单击该按钮，可以打开画笔面板。

- ■ **"模式"下拉列表框**：单击其右侧的下拉按钮，在下拉列表框中可以选择画笔模式，系统默认为"正常"模式。
- ■ **"不透明度"文本框**：单击右侧的下拉按钮，在弹出的滑动条上拖动滑块，可设置画笔描边的不透明度。
- ■ **"流量"文本框**：单击右侧的下拉按钮，在弹出的滑动条上拖动滑块，可设置画笔描边的流动速率。
- ■ **"启用喷枪模式"按钮**：单击该按钮，使其处于被选择状态后，可使用喷枪功能。再次单击该按钮可取消使用该功能。
- ■ **"绘图板压力控制不透明度"按钮和"绘图板压力控制大小"按钮**：用户使用绘图板绘图时，可以按下这两个按钮，通过笔的压力、角度或笔尖来控制绘图工具。

下面练习使用画笔工具绘制图像，具体操作步骤如下：

01 在菜单栏上选择"文件"→"新建"命令，弹出"新建"对话框。在"名称"文本框中输入新建图像文件的名称；在"预设"下拉列表框中选择"默认Photoshop大小"选项，单击"确定"按钮，如图4-18所示。

■ 图4-18

02 单击工具箱中的"画笔工具"按钮，在属性栏中设置画笔大小、

模式，在"流量"文本框中输入"60%"，然后单击"喷枪"按钮，如图4-19所示。

■ 图4-19

03 在图像窗口中按住鼠标左键并拖动，即可绘制出图像，如图4-20所示。

■ 图4-20

4.3.2 铅笔工具的应用 》》

铅笔工具可以用来绘制干硬的线条，其使用方法和画笔工具基本相同。在工具箱中单击"铅笔工具"按钮，在其对应的属性栏中设置合适的参数，然后在打开的图像中单击并拖动鼠标即可，其属性栏如图4-21所示。

■ 图4-21

提示

"自动抹除"复选框用于实现擦除的功能，选中该复选框后，可将铅笔工具当橡皮擦使用。

下面练习使用"铅笔工具"在图像文件中绘制线条，具体操作步骤如下：

01 在菜单栏上选择"文件"→"打开"命令，打开"茶犬.jpg"图像文件，如图4-22所示。

图4-22

02 单击工具箱中的"铅笔工具"按钮，在属性栏中设置笔尖的粗细，根据需要设置前景色（铅笔颜色），如图4-23所示。

图4-23

03 按住鼠标左键，即可在图像文件中绘制线条，如图4-24所示。

图4-24

提示

使用"铅笔工具"绘制的笔触效果没有画笔工具那样富有层次感，只是具有画笔的颜色和样式。在工具箱中也可结合"Alt"键来选择铅笔工具，按住"Alt"键，连续单击画笔工具，则会在位于该位置的几个工具之间进行切换。

4.3.3 方便好用的颜色替换工具 >>>

使用"颜色替换工具"可以实现对指定颜色的替换，其属性栏和"画笔工具"相比有一些区别，如图4-25所示。

图4-25

该属性栏中各项的含义如下：

▨ **"模式"下拉列表框**：单击右侧的下拉按钮，在弹出的下拉列表中显示出绘画模式，通常选择默认的"颜色"选项。

▨ **"取样"按钮组**：用于选择取样的类型，单击按钮后，在拖动鼠标时连续对颜色取样；单击按钮后，只替换包括第一次取样区域中目标的颜色；单击按钮后，只替换包括背景色的区域。

▨ **"限制"下拉列表框**：用于确定替换颜色的范围，选择"连续"选项，可替换与鼠标光标处颜色接近的区域；选择"不连续"选项可替换被选图像中任何位置的样本颜色；"查找边缘"与"连续"选项的作用相似，但可以保留图像边缘的锐化程度。

▨ **"容差"文本框**：通过拖动其下方的滑块可选择相关颜色容差的大小，数值越小，替换颜色的范围就越小。

下面通过实例练习颜色替换工具的使用，具体操作步骤如下：

01 打开"水果.jpg"素材文件，设置前景色为替换后的颜色，如图4-26所示。

■ 图4-26

02 选中"颜色替换工具"，单击属性栏中的"取样一次"按钮，然后在需要

■ 图4-27

替换的颜色区域按下鼠标左键并拖动鼠标，即可将第一次鼠标单击处的颜色进行替换，如图4-27所示。

4.3.4 混合器画笔工具的妙用 »»

使用"混合器画笔工具"可以模拟真实的绘画技术，让不懂绘画的人轻易地画出漂亮的画面。

在工具箱上单击"混合器画笔工具"按钮，其对应的属性栏如图4-28所示。

■ 图4-28

该属性栏中各项的含义如下：

- **"当前画笔载入"色块**：单击色块，可在弹出的"选择绘画颜色"对话框中选择画笔的颜色。
- **"每次描边后载入画笔"按钮**：单击该按钮使其呈按下状态，表示在每一次绘图后都将载入画笔。
- **"每次描边后清理画笔"按钮**：单击该按钮使其呈按下状态，表示每一次绘图后都将清理画笔。
- **"有用的混合画笔组合"下拉列表框**：该列表框中提供了干燥、干燥，浅描、干燥，深描、湿润等12种组合方式供用户选择。
- **"潮湿"文本框**：用于控制画笔从画布拾取的油彩量。
- **"载入"文本框**：用于指定储槽中载入的油彩量。
- **"混合"文本框**：用于控制画布油彩量同储槽油彩量的比例。
- **"对所有图层取样"复选框**：选中该复选框，可以拾取所有可见图层中的画布颜色。

4.4 照片修复 »

当图像效果有瑕疵时，可以通过Photoshop CC提供的修复工具对图像进行处理。使用污点修复画笔工具、修复画笔工具、修补工具和红眼工具可以修复图像。此外，还可通过图章工具组中的工具进行清除斑点的操作。

4.4.1 使用污点修复画笔工具快速处理照片中的污点 >>>

使用"污点修复画笔工具" 可以对图像中的不透明度、颜色和质感进行像素取样，用于快速修复图像中的斑点或小块的杂物。单击工具箱中的"污点修复画笔工具"按钮 后，其属性栏如图4-29所示。

图4-29

该属性栏中各项的含义如下：

"**类型**"选项组：用于设置在修复过程中采用何种修复类型，选择"近似匹配"单选按钮，表示将使用要修复区域周围的像素来修复图像；选择"创建纹理"单选按钮，表示将使用被修复图像区域中的像素来创建修复纹理，并使修复纹理与周围纹理相协调；选择"内容识别"单选按钮，系统将分析图像周围的图像，然后自动对图像进行修复。

"**对所有图层取样**"复选框：选中该复选框可使取样范围扩展到图像中的所有可见图层。

下面练习使用"污点修复画笔工具" ，修复有污点的照片，具体操作步骤如下：

01 启动Photoshop CC，打开"污点照片.jpg"素材文件，图像中人物的脸部有污点，如图4-30所示。

图4-30

02 单击工具箱中的"污点修复画笔工具"按钮 ，在属性栏中设置画笔的"大小"为"34像素"，并选择"内容识别"单选按钮，如图4-31所示。

图4-31

03 将鼠标光标移动到图像文件中，在污点处单击鼠标左键，即可修复污点，如图4-32所示。

图4-32

4.4.2 使用修复画笔工具修复照片缺陷 >>>

使用"修复画笔工具" 可以对图像中有缺陷的部分加以整理，通过复制局部图像来实现修补。其使用方法与"污点修复画笔工具"类似，但该工具在使用前需要指定样本，即在无污点的位置进行取样，然后才能用取样点的样本图像来修复污点图像。

单击工具箱中的"修复画笔工具"按钮 后，其属性栏如图4-33所示。

图4-33

该属性栏中各项的含义如下：

"**画笔**"选取器：用来设置修复画笔工具使用的笔尖样式，单击其右侧的 按钮，打开画笔设置面板，在其中可对画笔的直径、硬度、间距、角度和圆度进行设置。

"**取样**"单选按钮：选择该单选按钮，表示修复画笔工具对图像进行修复时以图像区域中某处颜色作为基点。

"图案"单选按钮：选择该单选按钮，可在其右侧的下拉列表框中选择已有的图案用于修复。

下面练习使用"修复画笔工具" ，对图像文件进行修复，具体操作步骤如下：

01 启动Photoshop CC，打开"修复照片.jpg"素材文件，如图4-34所示。

▨ 图4-34

02 单击工具箱中的"修复画笔工具"按钮 ，然后按住"Alt"键的同时，在图像文件中单击鼠标左键进行取样，如图4-35所示。

提示

在取样的过程中要注意根据实际情况改变画笔的直径大小，这样修复后图像才更加完美。

▨ 图4-35

03 在需要修复的地方进行涂抹，完成图像的修复，如图4-36所示。

▨ 图4-36

4.4.3 使用修补工具修饰图像瑕疵 》》

"修补工具" 主要是用图像的其他区域或使用图案来修补当前选择的区域，新选择区域上的图像将替换原区域上的图像。下面练习使用"修补工具"对图像进行修补，具体操作步骤如下：

01 打开"天空.jpg"素材文件，单击工具箱中的"修补工具"按钮 ，然后在图像中单击并拖动绘制出需要修复的选区，如图4-37所示。

▨ 图4-37

02 按住鼠标左键不放，拖动选区到图像中与选区相似的区域后释放鼠标即可，效果如图4-38所示。

▨ 图4-38

4.4.4 使用红眼工具处理照片中的红眼 »»

使用"红眼工具" 🔴 可移去照片上人物眼睛中由于闪光灯造成的红色、白色或绿色反光斑点。单击工具箱中的"红眼工具"按钮 🔴，其属性栏如图4-39所示。

■ 图4-39

该属性栏中各项的含义如下：

☑ **"瞳孔大小"文本框**：用于设置眼睛暗色的中心大小。

☑ **"变暗量"文本框**：用于设置瞳孔的暗度。

红眼工具的使用方法非常简单，单击工具箱中的"红眼工具"按钮 🔴 后，在属性栏中设置相关参数，然后在图像中人物的眼睛处单击即可。

4.4.5 通过图章工具组进行神奇修补 »»

图章工具组包括仿制图章工具和图案图章工具，使用它们可以对图像进行修补和复制等处理。

»» ■ **仿制图章工具**

使用"仿制图章工具" 🔲 可以将图像中的部分区域复制到同一图像的其他位置或另一图像中。复制后的图像与原图像的亮度、色相和饱和度一致。单击"仿制图章工具" 🔲 后，其属性栏如图4-40所示。

■ 图4-40

该属性栏中各项的含义如下：

☑ **"不透明度"文本框**：用于设置绘制图像的不透明度，数值越小，透明度越高。

☑ **"流量"文本框**：用于设置复制图像时画笔的压力，数值越大，效果越明显。

☑ **"对齐"复选框**：选中该复选框，只能复制一个固定位置的图像。

下面通过一个实例来练习仿制图章工具的使用，具体操作步骤如下：

01 启动Photoshop CC，打开"大海.jpg"素材文件，如图4-41所示。

02 在工具箱中选择"仿制图章工具" 🔲 ，并设置画笔大小为"20像素"，按住"Alt"键并单击岩石旁的大海图像进行取样，如图4-42所示。

■ 图4-41

■ 图4-42

03 在岩石图像上按下鼠标左键并拖动，此时在取样点将显示一个十字图标，表示将复制此处图像，如图4-43所示。

■ 图4-43

04 继续复制图像，直到完全复制出需要的图像，最终效果如图4-44所示。

■ 图4-44

》 **图案图章工具**

使用"图案图章工具" 可以将系统自带的图案或用户自定义的图案填充到图像中。在工具箱中单击"图案图章工具"按钮，在其属性栏的"图案"下拉列表框中选择需要的图案，然后将鼠标光标移动到图像中，按住鼠标左键并拖动，即可绘制出所选图案。

下面通过一个实例练习图案图章工具的使用，具体操作步骤如下：

01 启动Photoshop CC，打开"杯子.jpg"素材文件，如图4-45所示。

■ 图4-45

02 在工具箱中选中"椭圆选择工具" ，在杯子上绘制一个椭圆形选区，并设置羽化值为15像素，如图4-46所示。

■ 图4-46

03 在工具箱中选中"图案图章工具" ，然后在属性栏中选择图案为"自然图案"组中的"蓝色雏菊"图案，如图4-47所示。

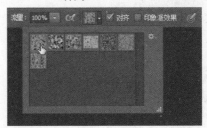

■ 图4-47

04 在创建的圆形选区中拖动鼠标，绘制出图案，最终效果如图4-48所示。

■ 图4-48

4.4.6 使用内容识别功能修复图像 》》》

"内容感知移动工具" 的作用是将所选图像内容移动或复制到另外一个位置，以便快速修复图像。

下面练习使用"内容感知移动工具" 对图像中的人物进行修补，具体操作步骤如下：

01 启动Photoshop CC，打开"椅子.jpg"素材文件，选择工具箱中的"内容感知移动工具" ，将光标移动到图像中，单击并拖动为需要移动的图像内容创建选区，如图4-49所示。

■ 图4-49

02 在属性栏中设置"模式"为"移动"，"适应"为"中"，按住鼠标左键拖动所选图像内容到目标位置，如图4-50所示。

■ 图4-50

03 释放鼠标左键，PhotoShop将自动识别图像内容，完成图像内容的移动，如图4-51所示。

■ 图4-51

04 有时使用"内容移动感知工具"移动图像内容后，效果并不完美，需要使用图像修复工具等进一步处理图像，例如使用"修补工具" 处理椅子原位置残留的阴影，如图4-52所示。

■ 图4-52

4.5 照片美化 》》

在拍摄照片时，不可能尽善尽美，总会存在一些缺陷，这时就需要使用修复工具对照片进行修复，使其更加完美。本节将讲解如何使用模糊工具组和减淡工具组中的工具修饰图像，自制艺术照。

4.5.1 模糊工具组的使用 >>>

　　模糊工具组包括模糊工具、锐化工具和涂抹工具，使用它们可以对图像进行清晰或模糊处理。

模糊工具

　　使用"模糊工具" 可以降低图像相邻像素之间的对比度，使图像产生一种模糊的效果。

锐化工具

　　使用"锐化工具" 可以增大图像相邻像素间的反差，提高图像清晰度或聚焦程度，与模糊工具的作用相反，可使图像产生清晰的效果。

涂抹工具

　　使用"涂抹工具" 可以模拟手指涂抹绘制的效果。使用该工具时，先对单击处的颜色进行取样，然后与鼠标拖动经过的颜色相融合、挤压，产生模糊效果。

> **注意**
>
> 涂抹工具不能在位图和索引颜色模式的图像上使用。选中"手指绘画"复选框，则每次拖动鼠标绘制的时候都会使用前景色。

　　下面练习使用"模糊工具" 对图像中的人物进行美容处理，具体操作步骤如下：

01 启动Photoshop CC，打开"人物照片.jpg"素材文件。可观察到人物的脸部上有许多雀斑，如图4-53所示。

■ 图4-53

02 单击工具箱中的"模糊工具"按钮 ，并在属性栏中设置画笔"大小"为"30px"，"强度"为"100%"，如图4-54所示。

■ 图4-54

03 将鼠标光标移到图像窗口中，单击或拖动鼠标，对人物面部进行模糊处理，如图4-55所示。

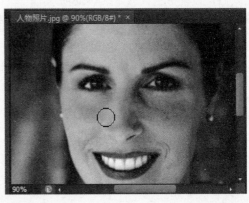

■ 图4-55

04 重复多次模糊操作，直到人物面部雀斑减淡，最终效果如图4-56所示。

■ 图4-56

4.5.2 减淡工具组的使用 »»»

减淡工具组包括减淡工具、加深工具和海绵工具，可通过改变图像的色彩明暗与饱和度，来影响图像的风格。

»» **减淡工具**

使用"减淡工具" 🔍 可以改变图像特定区域的曝光度，使图像变亮。该工具的属性栏如图4-57所示。

▪ 图4-57

该属性栏中的各选项含义如下。

▨ **"范围"下拉列表框**：用于设置减淡作用的范围，在其中可选择"暗调"、"中间调"或"高光"选项。

▨ **"曝光度"文本框**：用于设置图像色彩的减淡程度，取值范围为0%～100%，数值越大，图像的减淡效果越明显。

»» **加深工具**

使用"加深工具" ⚫ 可以改变图像特定区域的曝光度，使图像色彩加深或变暗。选择该工具后，属性栏的状态如图4-58所示。

▪ 图4-58

对图像文件进行减淡和加深处理后的效果分别如图4-59和图4-60所示：

▪ 图4-59

▪ 图4-60

»» **海绵工具**

使用"海绵工具" ⬤ 可以增加或减少图像的饱和度。选择该工具后，属性栏的状态如图4-61所示。

▪ 图4-61

该属性栏中各选项的含义如下：

▨ **"模式"下拉列表框**：选择"降低饱和度"选项，表示降低图像颜色的饱和度；选择"饱和"选项，表示增加图像颜色的饱和度。

▨ **"流量"文本框**：用来设置去色或加色的程度。

提示

加深和减淡工具在人物照片的后期处理过程中十分常用，如消除雀斑、皱纹等，而海绵工具往往在制作某些艺术效果时使用。

4.5.3　橡皮擦工具组的使用 »»

　　橡皮擦工具组包括橡皮擦工具🖉、背景色橡皮擦工具🖉和魔术橡皮擦工具🖉，分别可以擦除图像、擦除图像背景色和擦除图像中相近的颜色区域。下面将分别对其进行详细的介绍：

»» **橡皮擦工具**

　　单击工具箱中的"橡皮擦工具"按钮🖉，在其属性栏中设置好画笔大小和擦除模式，再设置前景色，将鼠标光标移到图像窗口中需要擦除的位置进行拖动，将以背景色填充拖动过的区域，如图4-62所示。

»» **背景色橡皮擦工具**

　　单击"背景色橡皮擦工具"按钮🖉，将鼠标光标移到图像窗口中需要擦除的位置进行拖动，可擦除图层上指定颜色的像素，并以透明色代替被擦除区域，如图4-63所示。

»» **魔术橡皮擦工具**

　　单击"魔术橡皮擦工具"按钮🖉，在选项栏设置好容差值，将鼠标光标移到图像中需要擦除的颜色上单击，即可将图像中与鼠标左键单击处颜色相近的颜色擦除，如图4-64所示。

■ 图4-62　　　　　■ 图4-63　　　　　■ 图4-64

练一练 4.6 使用画笔工具制作逼真的水泡 »

案例描述　知识要点　素材文件　操作步骤

　　本案例将通过设置画笔的"形状动态"和"散布"选项，制作出疏密有致、效果真实的簇状水底碎气泡。制作中还将应用"斜面与浮雕"图层样式来体现出气泡的立体感和高光。

案例描述　**知识要点**　素材文件　操作步骤

▨　自定义画笔

▨　使用画笔工具绘图

▨　使用图层样式

案例描述 | 知识要点 | 素材文件 | **操作步骤**

01 启动Photoshop CC，打开"海底世界.jpg"素材文件，如图4-65所示。

■ 图4-65

02 在工具箱中选中画笔工具，然后单击属性栏中的"切换画笔面板"按钮，打开"画笔"面板，如图4-66所示。

■ 图4-66

03 选中"画笔笔尖形状"选项，设置笔尖形状为"尖角"，其他参数设置如图4-67所示。

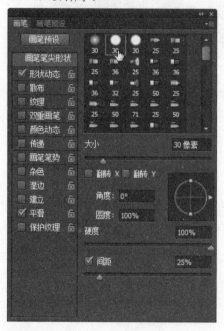

■ 图4-67

04 选中"形状动态"复选框，并参照如图4-68所示设置相关参数。

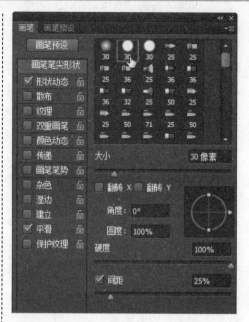

■ 图4-68

05 选中"散布"复选框，并参考如图4-69所示设置相关参数。

■ 图4-69

06 选中"纹理"复选框，设置纹理图案为"图案"组中的"气泡"，其他参数设置如图4-70所示。

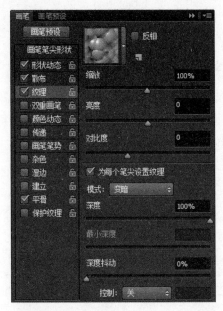

图4-70

07 选择"图层"→"新建"→"图层"菜单命令,新建一个空白图层,然后设置前景色为白色。

08 使用画笔工具在图像中绘制出簇状气泡,如图4-71所示。

图4-71

09 选择"图层"→"图层样式"→"斜面与浮雕"菜单命令,弹出"图层样式"对话框,参照图4-72所示设置相关参数,其中"阴影模式"应设置为蓝色。设置完成后单击"确定"按钮。

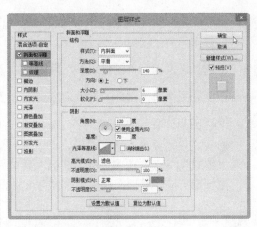

图4-72

10 打开图层面板,设置气泡图层的图层模式为"柔光",如图4-73所示。

图4-73

11 完成后的最终效果如图4-74所示。

图4-74

想一想 4.7 疑难解答 >>

问: 在使用"橡皮擦工具"擦除图像时,擦掉的部分为什么会显示背景色而不是透明的?

答: 这是因为在擦除图像时,没有注意到图层问题。如果是在"背景"图层上进行擦除,则会以背景色替换擦除的图像;如果是在普通的图层上进行擦除,则擦除的区域就会变成透明的。

问：模糊工具和锐化工具的作用相反，那么在进行模糊操作后的图像再经过锐化处理，就能恢复到原来的状态吗？

答：不能，这是因为"锐化工具"只能通过增加颜色的强度来达到使图像清晰的目的。

问：在绘制图像时，鼠标的指针突然变成十字形状了，这是怎么回事？

答：这是因为你在绘制图像时不小心按下"Caps Lock"键了，如果要调整为原来的笔尖形状，只需要再次按下该键，即可显示笔尖形状。此外，在Photoshop CC程序中选择"编辑"→"首选项"→"光标"菜单命令，在弹出的"首选项"对话框中可以对绘画光标进行统一管理，用户可根据习惯进行选择，完成后单击"确定"按钮即可。

4.8 学习小结 »

　　本章学习了图像的绘制、修复与美化，通过具体案例介绍了各种工具的使用，包括画笔工具、铅笔工具、污点修复工具、修复画笔工具、图章工具、模糊工具和减淡工具等。

第5章

调整图像色调和色彩

本章要点：

- ◪ 调整图像色调
- ◪ 调整图像色彩
- ◪ 图像颜色的另类调整

Chapter

学生：我摄影技术不佳，拍出的很多照片颜色不
　　　真实，可不可以通过Photoshop CC对其进
　　　行调整呢？

老师：使用Photoshop CC的色调和色彩调整命令
　　　可以有效地调整图像的色调和色彩，使图
　　　像具有真实感。

学生：我看到一些使用Photoshop制作的怀旧照
　　　片，也是通过调整图像的色调和色彩实现
　　　的吧？

老师：是的，利用色调和色彩调整命令还可以制
　　　作出许多意想不到的效果。

色调和色彩是构成图像的重要元素。使用Photoshop CC中的图像调整命令，可以对图像的色调和色彩进行调整，使其符合用户的需要。本章将对色调和色彩的调整方法进行详细讲解。

试一试 5.1 美化照片色彩 >>

案例描述 知识要点 素材文件 操作步骤

在阴天拍照时，照片的颜色往往偏暗，色彩不鲜艳，此时可以通过Photoshop进行后期处理，对照片进行美化。

案例描述 **知识要点** 素材文件 操作步骤

▨ 调整曲线

▨ 调整色相/饱和度

▨ 调整色彩平衡

案例描述 知识要点 素材文件 **操作步骤**

01 启动Photoshop CC，打开"照片.jpg"素材文件，如图5-1所示。

▨ 图5-1

02 执行"图像"→"调整"→"曲线"菜单命令，弹出"曲线"对话框。在曲线编辑框的曲线上单击，并向上拖动，将图像调亮，然后单击"确定"按钮，如图5-2所示。

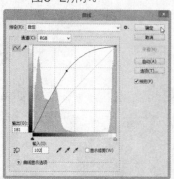

▨ 图5-2

03 选择"图像"→"调整"→"色相/饱和度"菜单命令，弹出"色相/饱和度"对话框。在"预设"下方的下拉列表框中选择"绿色"选项，在"色相"文本框中输入"-40"，在"饱和度"文本框中输入"40"，然后单击"确定"按钮，如图5-3所示。

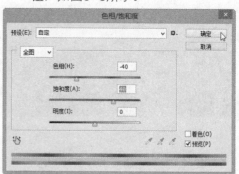

▨ 图5-3

04 选择"图像"→"调整"→"色彩平衡"菜单命令，弹出"色彩平衡"对话框。拖动"青色/红色"滑块到"-14"，拖动"洋红/绿色"滑块到"-20"，拖动"黄色/蓝色"滑块到"-40"，然后单击"确定"按钮，如图5-4所示。

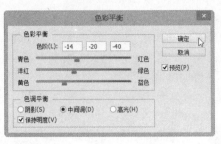

■ 图5-4

05 调整后的照片由夏季风景变为深秋风
景，效果如图5-5所示。

■ 图5-5

5.2 调整图像色调 》

图像的色调是指图像的明暗度，调整图像色调就是对图像像素的明暗度进行调整。在
Photoshop中，图像的色调按照色阶的明暗层次来划分，明亮的部分为高色调，阴暗的部分为
低色调，中间部分为半色调。

5.2.1 通过色阶调整平衡图像色调 》》》

表示图像高光、暗调和中间调的分布情况的分布图叫色阶。当图像效果过白或过黑
时，使用"色阶"命令可以调整图像中各通道的明暗程度。在菜单栏执行"图像"→"调
整"→"色阶"命令，弹出"色阶"对话框，如图5-6所示。

该对话框中各选项的含义如下：

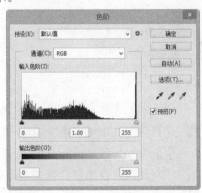

■ "通道"下拉列表框：用于选择要调整的颜色通
道。

■ "输入色阶"文本框：其中的3个文本框用于调整图
像的暗调、中间调和高光，分别对应直方图底部的
黑色、灰色和白色滑块。

■ "输出色阶"文本框：用于调整图像的亮度和对比
度。其中，黑色滑块表示图像的最暗值，白色滑块
表示图像的最亮值，拖动滑块调整最暗和最亮值，
从而实现亮度和对比度的调整。

■ 图5-6

■ "自动"按钮：单击该按钮，将以默认参数自动调整图像。

■ "选项"按钮：单击该按钮，将弹出"自动颜色校正选项"对话框，在其中可以设置暗
调、中间值的切换颜色，还可对自动颜色校正的算法进行设置。

■ 吸管工具组 🖋🖋🖋：在吸管工具组中单击相应的按钮使其呈高亮显示后，将鼠标光标移
到图像中并单击，可进行取样。使用"设置黑场"按钮 🖋，可使图像变暗；使用"设置
灰点"按钮 🖋，可以用取样点像素的亮度来调整图像中所有像素的亮度；使用"设置白
场"按钮 🖋，可以为图像中所有像素的亮度值加上取样点的亮度值，从而使图像变亮。

■ "预览"复选框：选中该复选框，可以在图像窗口中预览效果。

下面对一幅图像进行色阶调整，使昏暗的图像变鲜亮，具体操作步骤如下：

01 打开"山峰.jpg"素材文件，图像比较昏暗，明暗细节不够，如图5-7所示。

■ 图5-7

02 选择"图像"→"调整"→"色阶"菜单命令，在弹出的"色阶"对话框中重

新调整图像阴影、中间调和高光的值，调整完成后单击"确定"按钮。调整色阶完毕后，图像就变得更加自然了，如图5-8所示。

■ 图5-8

5.2.2 调整图像的亮度和对比度 》》

使用"亮度/对比度"命令可以将图像的色调增亮或变暗，可以对图像中的低色调、半色调和高色调图像区域进行增加或降低对比度的调整。在菜单栏执行"图像"→"调整"→"曲线"命令，弹出"亮度/对比度"对话框，如图5-9所示。

■ 图5-9

该对话框中各选项的含义如下：

■ **"亮度"文本框**：当文本框中的数值小于0时，图像亮度降低；当数值大于0时，图像亮度增加；当数值等于0时，图像不发生任何变化。

■ **"对比度"文本框**：当文本框中的数值小于0时，图像对比度降低；当数值大于0时，图像对比度增加；当数值等于0时，图像不发生任何变化。

下面练习调整图像的亮度和对比度，具体操作步骤如下：

01 打开"降落伞.jpg"素材文件，观察发现整个图像亮度不够，对比度也偏低，可以对其亮度和对比度进行调整，如图5-10所示。

■ 图5-10

02 选择"图像"→"调整"→"亮度/对比度"菜单命令,弹出"亮度/对比度"对话框。在"亮度"数值框中输入"110",在"对比度"数值框中输入"44",如图5-11所示。

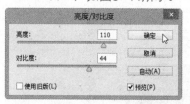

■ 图5-11

03 单击"确定"按钮,调整后的效果如图5-12所示。

■ 图5-12

5.2.3 通过曲线的调整使图像色彩更加协调 》》

　　曲线的调整是指通过调整曲线的斜率和形状,实现对图像色彩、对比度和亮度的调整,使图像色彩更加协调。在菜单栏执行"图像"→"调整"→"曲线"命令,弹出"曲线"对话框,如图5-13所示。

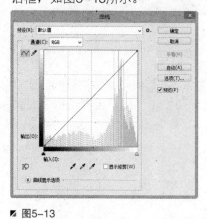

■ 图5-13

该对话框中各选项的含义如下:

▪ **"通道"下拉列表框**:用于选择调整图像的颜色通道。

▪ **曲线调整框**:曲线的水平轴表示原始图像的亮度,即图像的输入值;垂直轴表示处理后新图像的亮度,即图像的输出值;曲线的斜率表示相应像素点的灰度值;在曲线上单击可创建控制点。

▪ **"编辑点以修改曲线"按钮**～:单击该按钮,表示以拖动曲线上控制点的方式来调整图像。

▪ **"通过绘制来修改曲线"** ✎ **按钮**:单击该按钮使其呈高亮显示后,将鼠标光标移到曲线编辑框中,当光标呈✎显示时,按住鼠标左键不放并拖动,绘制需要的曲线来调整图像。

技巧

按下"Ctrl+M"组合键,可以快速打开"曲线"对话框。

▪ **"显示修剪"复选框**:选中该复选框后,可以显示调色的区域。

　　下面通过"曲线"命令对图像进行调整,具体操作步骤如下:

01 打开"花.jpg"图像文件,图像中的光线较强,显得不够真实,如图5-14所示。

■ 图5-14

02 执行"图像"→"调整"→"曲线"菜单命令，弹出"曲线"对话框。在曲线编辑框中按住鼠标左键不放，向右下方拖动直线，调整图像的色调，如图5-15所示。

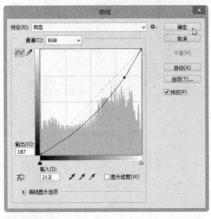

■ 图5-15

曲线的形状决定了图像的色调，调整曲线的形状可以通过单击曲线添加控制点来操作。最多可以向曲线中添加14个控制点。如果要删除一个控制点，可直接将其拖出对话框或选中该控制点后按下"Delete"键。

03 单击"确定"按钮，调整完成后，图像效果变得更加自然，如图5-16所示。

■ 图5-16

5.2.4 通过色彩平衡调整照片偏色现象 》》

　　使用"色彩平衡"命令可以在彩色图像中改变颜色的混合，从而纠正图像中较明显的偏色现象。在菜单栏执行"图像"→"调整"→"色彩平衡"命令，弹出"色彩平衡"对话框，如图5-17所示。

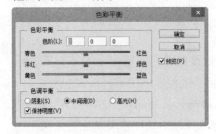

■ 图5-17

　　该对话框中各选项的含义如下：

■ **"色彩平衡"栏**：在"色阶"后的文本框中输入数值，即可调整RGB到CMYK之间对应的色彩变化，取值范围在-90~100之间。3个数值都为0时，图像的色彩不会变化。

■ **"色调平衡"栏**：用于选择需要进行调整的色彩范围，包括"阴影"、"中间调"和"高光"3个单选按钮。选择其中一个单选按钮，就可以对相应色调的像素进行调整。若选中"保持明度"复选框，调整色彩时将保持图像亮度不变。

在菜单栏上选择"图像"→"自动颜色"命令，或者按下"Shift+Ctrl+B"组合键，可以自动调整图像整体的颜色。

　　下面使用"色彩平衡"命令对图像进行调整，具体操作步骤如下：

01 启动Photoshop CC，打开"戒指.jpg"素材文件，如图5-18所示。

■ 图5-18

02 执行"图像"→"调整"→"色彩平衡"菜单命令，弹出"色彩平衡"对话框，分别拖动"青色/红色"、"洋红/绿色"和"黄色/蓝色"滑块，如图5-19所示。

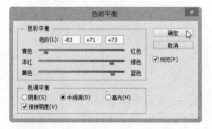

■ 图5-19

提 示

"色阶"文本框分别与下方的3个滑块对应，拖动滑块可调整图像色彩。当滑块靠近某种颜色时，表示该颜色增加，远离某种颜色则表示该颜色减少。

03 单击"确定"按钮，调整后的效果如图5-20所示。

■ 图5-20

5.2.5 通过调整HDR色调渲染3D场景 »»

　　HDR的全称是High Dynamic Range，即高动态范围。在HDR的帮助下，可以使用超出普通范围的颜色值，从而渲染出更加真实的3D场景。Photoshop CC的调整菜单中增加了"HDR调整"命令，使用该命令可以将全范围的 HDR 对比度和曝光度设置应用于各个图像。在菜单栏执行"图像"→"调整"→"HDR色调"命令，弹出"HDR色调"对话框，如图5-21所示。

　　该对话框中各选项的含义如下：

■ 　**"方法"下拉列表框**：用于选择调整图像的方法。

■ 　**"边缘光"栏**：拖动"半径"滑块，可以指定亮度区域的大小；拖动"强度"滑块，可以指定两像素之间色调的差值。

■ 　**"色调和细节"栏**：拖动"灰度系数"滑块可以设置调整图像的动态范围；拖动"曝光度"滑块，可以调整图像的曝光度；拖动"细节"滑块，可以调整图像的锐化程度；拖动"阴影"和"高光"滑块，可以调整图像的明暗程度。

■ 　**"颜色"栏**：用于调整图像的饱和度。

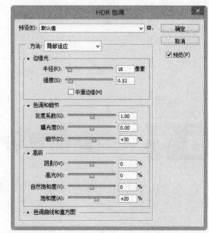

■ 图5-21

提 示

单击"色调曲线和直方图"栏前面的黑色小三角，可以展开调整对话框，其调整方法与"曲线"命令类似。选中"边角"复选框后，在曲线上单击插入调整点，曲线将变为尖角，如图5-22所示。

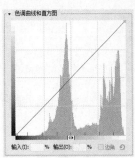

■ 图5-22

下面练习使用"HDR色调"命令调整图像，增加图像的质感，具体操作步骤如下：

01 启动Photoshop CC，打开"高原.jpg"素材文件，如图5-23所示。

■ 图5-23

02 执行"图像"→"调整"→"HDR色调"菜单命令，弹出"HDR色调"对话框。在"方法"下拉列表框中选择"局部适应"选项，然后在对应的栏中调整图像参数，如图5-24所示。

■ 图5-24

03 在"色调曲线和直方图"曲线上单击鼠标左键，并按住鼠标左键进行拖动。调整完成后单击"确定"按钮，如图5-25所示。

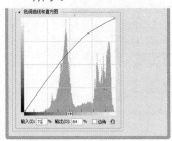

■ 图5-25

04 调整后的图像变得更加细腻、有质感，效果如图5-26所示。

■ 图5-26

5.3 调整图像色彩

在Photoshop CC中通过"色相/饱和度"、"替换颜色"、"可选颜色"、"去色"、"通道混合器"和"渐变映射"等色彩调整命令，可以使图像的色彩更加亮丽。

5.3.1 调整照片曝光度

使用"曝光度"命令可以通过调整图像曝光度来调整图像色彩。在菜单栏执行"图像"→"调整"→"曝光度"命令，在弹出的"曝光度"对话框中分别调整其参数，然后单击"确定"按钮即可，如图5-27所示。

▪ 图5-27

下面使用"曝光度"命令对图像文件进行调整，具体操作步骤如下：

01 启动Photoshop CC，打开"景物.jpg"素材文件。观察发现曝光度不足，需要对曝光度进行调整，如图5-28所示。

▪ 图5-28

02 执行"图像"→"调整"→"曝光度"菜单命令，弹出"曝光度"对话框。在"曝光度"文本框中输入"1.93"，然后单击"确定"按钮，如图5-29所示。

该对话框中各选项的含义如下：

▪ **"曝光度"文本框**：用于调整色调范围的高光。

▪ **"位移"文本框**：可以使阴影和中间调变暗，对高光的影响很轻微。

▪ **"灰度系数校正"文本框**：使用简单的乘方函数调整图像灰度系数。

▪ 图5-29

03 调整后的图像变亮，显得更加自然，效果如图5-30所示。

▪ 图5-30

5.3.2 调整照片的色相和饱和度 ▶▶▶

在Photoshop CC中可以使用"色相/饱和度"命令调整单个颜色的色相、饱和度和明度，从而达到改变图像色彩的目的。在菜单栏执行"图像"→"调整"→"色相/饱和度"命令，在弹出的"色相/饱和度"对话框中设置好相应的参数后，单击"确定"按钮即可。

下面练习使用"色相/饱和度"命令对图像进行调整，具体操作步骤如下：

01 启动Photoshop CC，打开"郁金香.jpg"素材文件，如图5-31所示。

▪ 图5-31

02 选择"图像"→"调整"→"色相/饱和度"菜单命令,弹出"色相/饱和度"对话框,在"预设"下方的下拉列表框中选择需要调整的颜色,在"色相"文本框中输入"+41",在"饱和度"文本框中输入"+10",然后单击"确定"按钮,如图5-32所示。

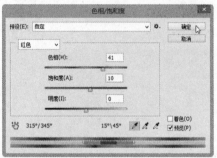

■ 图5-32

03 调整后的图像颜色发生了变化,效果如图5-33所示。

■ 图5-33

5.3.3 替换图片中的颜色 ⟫⟩

"替换颜色"命令是针对图像中某种颜色范围内的图像进行调整的命令,通过它能改变指定区域内的图像颜色。执行"图像"→"调整"→"替换颜色"命令,弹出"替换颜色"对话框,如图5-34所示。

■ 图5-34

该对话框中各选项的含义如下:

■ **吸管工具组** 🖋 🖋 🖋:分别用于拾取、增加和减少颜色。单击🖋按钮,在图像窗口中单击需要替换的颜色,所选颜色将显示在"颜色"色块中,容差范围内的颜色区域将显示在预览框中;单击🖋按钮可增加颜色;单击🖋按钮可减少已选颜色。

■ **"颜色容差"文本框**:用于调整替换颜色的范围,数值越大,则被替换颜色的区域越大。

■ **"选区"单选按钮**:选择该单选按钮后,将会在预览框中以黑白选区的形式显示选择的颜色区域。

■ **"图像"单选按钮**:选择该单选按钮后,将在预览框中显示整个图像。

■ **"替换"栏**:用于调整所选颜色的色相、饱和度和明度,使其成为一种新颜色。设置的颜色将显示在"结果"颜色框中。

下面使用"替换颜色"命令,将图像文件中的红色枫叶替换成黄色,具体操作步骤如下:

01 启动Photoshop CC,打开"枫叶.jpg"素材文件,如图5-35所示。

■ 图5-35

02 执行"图像"→"调整"→"替换颜
色"菜单命令，弹出"替换颜色"对话
框。选择"选区"单选按钮，使用 ![]按
钮单击图像中的枫叶，然后设置"颜色
容差"为"200"，如图5-36所示。

■ 图5-36

03 在"替换"栏的"色相"文本框中输入
"+44"，然后在"饱和度"文本框中
输入"+21"，如图5-37所示。

■ 图5-37

04 设置完成后单击"确定"按钮，图像中
枫叶的颜色由红色变为黄色，效果如图
5-38所示。

■ 图5-38

5.3.4 通过"可选颜色"命令调整图像中的某种颜色 》》》

　　使用"可选颜色"命令可以对图像中的颜色进行针对性的修改。执行"图像"→"调
整"→"可选颜色"命令，在弹出的"可选颜色"对话框中的"颜色"下拉列表框中选择需
要改变的颜色，在"方法"栏中选择调整颜色的方式，再用鼠标拖动所选颜色的百分比例，
然后单击"确定"按钮，即可调整图像的颜色。

　　下面使用"可选颜色"命令调整图像文件中花的颜色，具体操作步骤如下：

01 启动Photoshop CC，打开"野花.jpg"
素材文件。图像中花的颜色为红色，如
图5-39所示。

■ 图5-39

02 执行"图像"→"调整"→"可选颜
色"菜单命令，弹出"可选颜色"对话

框，在"颜色"下拉列表框中选择"红
色"选项，然后在"青色"文本框中输
入"100"，在"黄色"文本框中输入
"–100"，如图5-40所示。

■ 图5-40

■ 图5-41

在"可选颜色"对话框的"方法"栏中，选择"相对"单选按钮，可以按照总量的百分比更改现有的青色、洋红、黄色和黑色的含量；选择"绝对"单选按钮，可以按照增加或减少的绝对值来更改现有的颜色。

03 单击"确定"按钮，图像中花的颜色由红色变为紫色，如图5-41所示。

5.3.5 为图片去色 >>

使用"去色"命令可以除去图像中的饱和度，将图像中所有颜色的饱和度都变为0，从而将图像变为彩色模式下的灰色图像。打开需要去色的图像，然后在菜单栏上选择"图像"→"调整"→"去色"命令，即可去除图像颜色。

技巧

按下"Ctrl+Shift+U"组合键，也可以快速去除图像颜色。

5.3.6 通过"匹配颜色"命令合成图片 >>

使用"匹配颜色"命令可以将不同的图像文件之间的颜色进行匹配，常用于图像合成。在使用该命令前，需要先打开两幅图像文件，一幅作为被调整的图像，一幅作为参照图像，然后选择被调整的图像为当前窗口，再执行"图像"→"调整"→"匹配颜色"命令，弹出"匹配颜色"对话框，在"源"下拉列表框中选择参照图像文件，然后单击"确定"按钮即可。

下面打开两幅图像文件，使用"匹配颜色"命令合成图像，具体操作步骤如下：

01 启动Photoshop CC，打开"背景.jpg"和"雪山.jpg"素材文件，如图5-42所示。

■ 图5-42

02 选择"雪山.jpg"图像文件为当前窗口，然后执行"图像"→"调整"→"匹配颜色"菜单命令，弹出"匹配颜色"对话框，如图5-43所示。

■ 图5-43

03 在"图像统计"栏的"源"下拉列表框中选择"背景.jpg"选项，然后单击"确定"按钮，如图5-44所示。

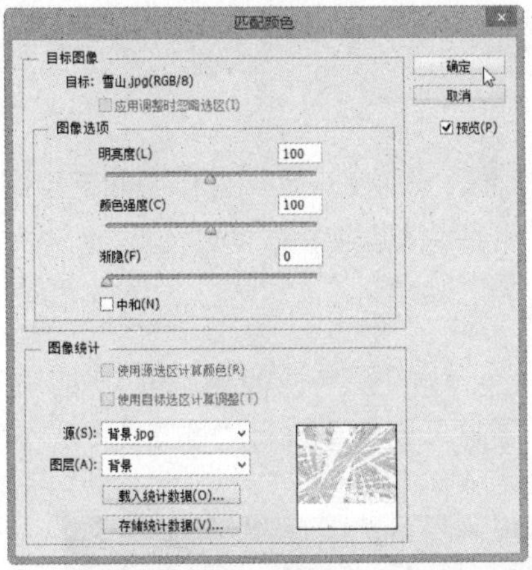

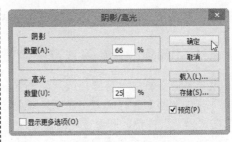

图5-44

04 进行颜色匹配后的图像效果如图5-45所示。

图5-45

5.3.7　通过"阴影/高光"命令调整图像中的阴影和高光 ⟫⟫⟫

使用"阴影/高光"命令可以增加或减少图像中的阴影和高光。在菜单栏执行"图像"→"调整"→"阴影/高光"命令，弹出"阴影/高光"对话框，在"阴影"栏中调整阴影量，在"高光"栏中调整高光量，然后单击"确定"按钮即可。

下面练习使用"阴影/高光"命令对图像进行调整，具体操作步骤如下：

01 启动Photoshop CC，打开"风铃.jpg"素材文件，如图5-46所示。

图5-46

02 执行"图像"→"调整"→"阴影/高光"菜单命令，弹出"阴影/高光"对话框，在"阴影"栏的"数量"文本框中输入"66"，在"高光"栏的"数量"文本框中输入"25"，然后单击"确定"按钮，如图5-47所示。

提示

在图5-47所示的对话框中选中"显示更多选项"复选框，可扩展"阴影/高光"对话框，以进一步设置阴影和高光的半径、颜色校正等参数。

图5-47

03 调整完成后，图像的细节变得更加清晰，效果如图5-48所示。

图5-48

学一学 5.4 图像颜色的另类调整 >>

使用"反相"、"阈值"、"色调均化"和"色调分离"等命令，可以进行图像颜色的另类调整，为图像添加特殊的艺术效果。

5.4.1 通过"反相"命令对色彩进行反相处理 >>>

使用"反相"命令能对图像的色彩进行反相处理，将图像转化为负片效果，也可以将负片效果还原为图像原本的色彩效果。要将图像反相，只需打开图像后执行"图像"→"调整"→"反相"命令即可，调整前后的效果对比如图5-49和图5-50所示。

调整前的效果

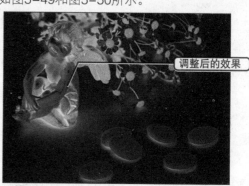
调整后的效果

◢ 图5-49

◢ 图5-50

5.4.2 使用"阈值"命令将灰度图像转换为黑白图像 >>>

使用"阈值"命令可将彩色或灰度图像转换为高对比度的黑白图像。选择图像后，执行"图像"→"调整"→"阈值"命令，在弹出的"阈值"对话框中设置好"阈值色阶"值，然后单击"确定"按钮，即可应用该命令，调整前后的效果对比如图5-51和图5-52所示。

调整前的效果

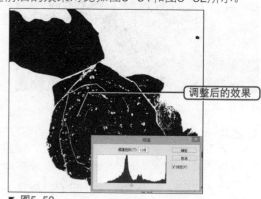
调整后的效果

◢ 图5-51

◢ 图5-52

5.4.3 色调均化与色调分离 >>>

使用"色调均化"命令可以重新分配图像中各像素的亮度值，以便更加均匀地呈现所有范围的亮度级。在菜单栏执行"图像"→"调整"→"色调均化"命令，即可对图像进行色调均化处理，调整前后的效果对比如图5-53和图5-54所示。

◢ 图5-53

◢ 图5-54

使用"色调分离"命令可以为图像中的每个通道指定亮度数量，并将这些像素映射到最接近的匹配色调上。打开要进行色调分离的图像，然后执行"图像"→"调整"→"色调分离"命令，在弹出的"色调分离"对话框的"色阶"数值框中输入分离值，再单击"确定"按钮，即可进行色调分离，调整前后的效果对比如图5-55和图5-56所示。

◢ 图5-55

◢ 图5-56

练一练 5.5 为黑白照片着色 ≫

| 案例描述 | 知识要点 | 素材文件 | 操作步骤 |

本案例将对黑白照片添加颜色，主要练习创建选区、调整色彩平衡和色相/饱和度等操作。

| 案例描述 | 知识要点 | 素材文件 | 操作步骤 |

◪ 创建选区

◪ 调整色彩平衡

◪ 调整色相/饱和度

| 案例描述 | 知识要点 | 素材文件 | 操作步骤 |

01 启动Photoshop CC，打开"黑白照片.jpg"素材文件，如图5-57所示。

◪ 图5-57

02 单击工具箱中的"磁性套索工具"按钮 ◪，然后在图像中创建花朵选区，如图 5-58所示。

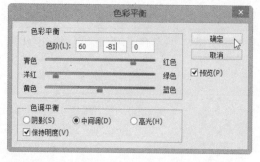

◪ 图5-58

03 选择"图像"→"调整"→"色彩平 衡"菜单命令，在弹出的"色彩平衡" 对话框中设置"色阶"数值框为68、–81和0，单击"确定"按钮，如图5-59 所示。

色彩平衡

色彩平衡
色阶(L): 60 -81 0   确定
青色 ———————●——— 红色   取消
洋红 —●——————————— 绿色   ☑预览(P)
黄色 ————————●——— 蓝色

色调平衡
○阴影(S) ●中间调(D) ○高光(H)
☑保持明度(V)

◪ 图5-59

04 执行"选择"→"反向"菜单命令，将 选区进行反向选取，效果如图5-60所 示。

◪ 图5-60

05 选择"图像"→"调整"→"色彩平 衡"菜单命令，在弹出的"色彩平衡" 对话框中设置"色阶"数值框为–40、40和–70，如图5-61所示。

色彩平衡

色彩平衡
色阶(L): -40 +40 -70   确定
青色 ——————●————— 红色   取消
洋红 —————————●—— 绿色   ☑预览(P)
黄色 ●————————————— 蓝色

色调平衡
○阴影(S) ●中间调(D) ○高光(H)
☑保持明度(V)

◪ 图5-61

06 单击"确定"按钮，效果如图5-62所示。

◪ 图5-62

07 按下"Ctrl+D"组合键取消选区，然后 执行"图像"→"调整"→"色相/饱和 度"菜单命令，在弹出的"色相/饱和 度"对话框中设置"色相"为6、"饱和 度"为35、"明度"为–14，如图5-63 所示。

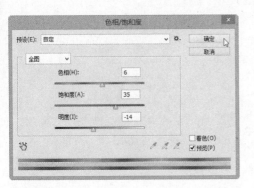

◪ 图5-63

◪ 图5-64

09 完成后单击"确定"按钮,最终效果如
图5-64所示。

想一想 **5.6** 疑难解答 ≫

问: 使用"自动颜色"命令能产生什么样的效果?

答: "自动颜色"命令可以通过搜索图像中的明暗程度来表现图像的暗调、中间调和高光,
以自动调整图像的对比度和颜色。

问: 去色和灰度模式产生的效果都是灰度图像,其中有什么区别吗?

答: 去色和灰度模式产生的最终效果都是将彩色图像变成灰度图像。其中,"去色"命令是
仍然保持原来的颜色模式,可以在图像的局部保留彩色信息;而"灰度模式"命令是丢
掉原图像中所有的彩色信息,并且在这种模式下不能进行任何关于色彩的操作。

问: 使用"色调分离"命令可以产生什么效果?

答: "色调分离"命令可以指定图像中每个通道或亮度值的数目,并将这些像素映射为最接
近的匹配色调,减少并分离图像的色调。

想一想 **5.7** 学习小结 ≫

本章学习了如何通过调整图像的色彩和色调来美化图像。本章有许多色彩方面的专用名
词,如亮度、对比度、曝光度、色相、饱和度等,用户可以通过不同的参数设置来直观地理
解它们的含义。并且,不同的参数配置还能产生不同的图像效果。

第6章

在Photoshop中
输入文字

本章要点：

- ◪ 创建与编辑文字
- ◪ 制作变形文字
- ◪ 沿路径输入文字

Chapter

学生：我想在图像中加入一些文字说明，□□
　　　Photoshop CC中输入文字呢？

老师：在平面设计中，文字起着重要的作□，
　　　不仅可以美化作品，还可以对设计的□
　　　进行说明。输入文字很简单，而文□□
　　　容怎样结合才是我们要认真考虑的。

学生：我看到平面设计作品中都有很漂亮的□
　　　效果，是怎么做出来的呢？

老师：在Photoshop中输入文字后，可以应□
　　　样式和滤镜等工具对文字进行美化，□
　　　出各种特效文字。

使用Photoshop CC的文字处理功能，不仅可以在图像文件中输入文字、设置文字格式和段落格式，还能创建并编辑路径文本。在平面设计的过程中，为文字设置漂亮的颜色和样式，不但可以增强画面的视觉效果，还可以准确地传达出画面所要表达的信息。

6.1 制作新年贺卡 »

案例描述 | 知识要点 | 素材文件 | 操作步骤

本案例将制作一张新年贺卡，以练习在图像中输入文字的操作。

案例描述 | **知识要点** | 素材文件 | 操作步骤

☑ 设置字体格式

☑ 输入文字

☑ 变形文字

案例描述 | 知识要点 | 素材文件 | **操作步骤**

01 启动Photoshop CC，打开"节日贺卡.jpg"素材文件，如图6-1所示。

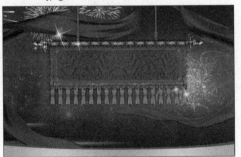

☑ 图6-1

02 单击工具箱中的"横排文字工具"按钮▓，在图像中按下鼠标左键并拖动鼠标，绘制一个文本框，如图6-2所示。

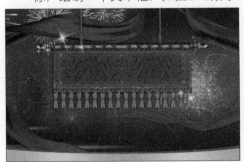

☑ 图6-2

03 在属性栏中设置字体为"华文彩云"，字号为"100点"，颜色为"R：255、

G：255、B：0"，单击"居中对齐文本"按钮▓，然后在文本框中输入"新年快乐"，如图6-3所示。

☑ 图6-3

04 单击文字工具属性栏中的"创建文字变形"按钮▓，在弹出的"变形文字"对话框中设置样式为"扇形"，其他参数设置如图6-4所示，完成后单击"确定"按钮。

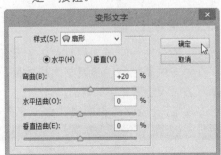

☑ 图6-4

05 返回图像窗口，单击属性栏中的"提交所有当前编辑"按钮✔，确认文字输入，效果如图6-5所示。

06 选择工具箱中的"移动工具"🔛，在"图层"面板选中文字图层，移动文字到适当位置，如图6-6所示。

■ 图6-5

■ 图6-6

学一学 6.2 创建与编辑文字 》

在Photoshop中，文字的基本操作包括输入文字、输入段落文字、设置文字和段落格式，以及设置文字颜色等，下面分别讲解。

6.2.1 认识文字工具组 》》

在Photoshop CC中，文字的输入主要是通过文字工具组来完成的。在工具箱中，用鼠标右键单击"横排文字工具"按钮■，即可打开文字工具组，如图6-7所示。

■ 图6-7

该工具组中各文字工具的含义如下：

■ **横排文字工具**■：用于输入横向的文字。

■ **直排文字工具**■：用于输入纵向的文字。

■ **横排文字蒙版工具**■：用于输入横向的文字选区。

■ **直排文字蒙版工具**■：用于输入纵向的文字选区。

》》 **横排和直排文字工具**

输入文字的方法很简单，只需单击工具箱中的"横排文字工具"■或"直排文字工具"按钮■，在对应的属性栏中设置文本格式后，在图像窗口中拖动鼠标创建文本框，然后选择合适的输入法输入所需文字即可。

如图6-8所示为文字工具的属性栏，下面分别介绍其功能。

| T | ⊥T | 华文彩云 | ▼ | ▼ | ⁻T | 100 点 | ▼ | ᵃa | 锐利 | ⬥ | ≡ ≡ ≡ | ■ | ⅀ | 📁 | | ⊘ ✓ |

■ 图6-8

■ **"切换文本取向"按钮**■：单击该按钮可以实现文字横排与直排之间的转换。

■ **"设置字体"下拉列表框：** 用于设置文字的字体。

■ **"设置字体样式"下拉列表框：** 选择具有该属性的字体后，"设置字体样式"下拉列表框中的内容才为可选状态，此时可选择需要的字体样式。

■ **"设置字体大小"下拉列表框：** 用于设置文字的字体大小，默认单位为点，即像素。

■ **"设置消除锯齿的方法"下拉列表框：** 用于设置消除文字锯齿的模式。

■ **"对齐方式"按钮** ![对齐方式图标]：用于设置文字的对齐方式，从左到右依次为"左对齐文本"、"居中对齐文本"和"右对齐文本"。

■ **"文本颜色"色块：** 单击该色块，即可在弹出的"选择文本颜色"对话框中设置文本颜色。

■ **"创建变形文字"按钮** ![创建变形文字图标]：单击该按钮后，即可在弹出的"变形文字"对话框中设置文本变形模式。

■ **"切换字符和段落面板"按钮** ![切换字符和段落面板图标]：单击该按钮可以隐藏或打开"字符"和"段落"面板，在其中单击"字符"标签，可以在面板中设置字符格式；单击"段落"标签，可以在面板中设置段落格式。

■ **"取消所有当前编辑"按钮** ![取消图标]：单击该按钮可取消正在进行的文字编辑。

■ **"提交所有当前编辑"按钮** ![提交图标]：单击该按钮可完成当前的文字编辑。

下面使用横排和直排文字工具，在图像文件中输入文字，具体操作步骤如下：

01 启动Photoshop CC，打开"背景.jpg"素材文件，如图6-9所示。

■ 图6-9

02 单击工具箱中的"横排文字工具"按钮![横排文字工具图标]，在属性栏中设置"字体"为"方正行楷简体"，设置"字号"为"48点"，如图6-10所示。

| T | 方正行楷简体 | T 48点 | 锐利 |

■ 图6-10

03 在图像文件中单击鼠标左键，确定文字的插入位置，然后输入文字即可，如图6-11所示。

■ 图6-11

技 巧

文字输入完成后，单击属性栏中的"提交所有当前编辑"按钮 ![提交图标]，即可确认输入。

04 单击工具箱中的"直排文字工具"按钮 ![直排文字工具图标]，在属性栏中设置"字号"为"30点"，然后在图像窗口中输入文字，如图6-12所示。

■ 图6-12

>>> ■ **文字蒙版工具**

　　使用文字蒙版工具可以创建无颜色填充的选区。单击工具箱中的"横排文字蒙版工具"按钮■或"直排文字蒙版工具"按钮■，然后在图像窗口中单击鼠标左键输入文字，退出文字蒙版输入状态，即可创建出横排或直排文字选区，如图6-13和图6-14所示。

■ 图6-13

■ 图6-14

提 示

使用文字蒙版工具创建文字选区后，可以使用填充工具对其进行填充。其方法和填充选区一致。

6.2.2 创建段落文字 >>>

　　创建段落文字的方法很简单，在工具箱中单击文字工具后，在图像窗口中按住鼠标左键绘制出一个文本框，然后在其中输入文字即可。

　　下面使用文字输入工具输入段落文字，具体操作步骤如下：

01 启动Photoshop CC，打开"茶艺.jpg"素材文件，如图6-15所示。

■ 图6-15

02 单击工具箱中的"横排文字工具"按钮■，然后在图像窗口中按住鼠标左键拖动，绘制文本框，如图6-16所示。

■ 图6-16

03 在绘制的文本框中，输入文字内容即可，效果如图6-17所示。

■ 图6-17

提 示

如果用户想快速地实现横排文字和直排文字之间的转换，可以在对应的属性栏中单击"切换文本方向"按钮■，转换后的效果如图6-18所示。

■ 图6-18

6.2.3 设置文字和段落格式 »›

在Photoshop CC中，用户可以对文字的字符格式和段落格式进行设置，下面就对设置的方法进行详细讲解。

» **设置字符格式**

要设置字符的格式，首先要对文字进行选取。选取文字的方法很简单，在需要选取的文字之前或之后单击鼠标左键，然后按住鼠标不放，向前或向后拖动，选取文字后释放鼠标左键即可。

设置字符格式包括设置文字的字体、颜色和大小等参数，用户除了可以通过文字的属性栏设置外，还可以通过"字符"面板来设置。单击文字属性栏中的"切换字符和段落面板"按钮■，即可打开"字符"面板，如图6-19所示。

该面板中各选项的含义如下：

▪ 图6-19

- ▨ **"设置行距"文本框** 🔲 (自动) ：用于设置输入文字的行与行之间的距离。
- ▨ **"垂直缩放"文本框** 🔲 100% ：用于设置文字的高度。
- ▨ **"水平缩放"文本框** 🔲 100% ：用于设置文字的宽度。
- ▨ **"设置所选字符的比例间距"下拉列表框** 🔲 0% ：用于设置两个字符间的字距比例，数值越大，字距越小。
- ▨ **"设置所选字符的字距调整"下拉列表框** 🔲 0 ：用于设置输入文本的字与字之间的距离。
- ▨ **"设置两个字符间的字距微调"列表框** 🔲 0 ：用于设置两个字符间的字距微调。
- ▨ **"设置基线偏移"文本框** 🔲 0点 ：用于设置文字在默认高度上向上或向下偏移的高度。
- ▨ 🔲 **按钮：** 用于设置文字效果，如仿粗体、仿斜体和全部大写字母等。
- ▨ 🔲 **下拉列表框：** 在下拉列表框中可选择不同国家的语言方式。

提示

在"字符"面板中，"设置字体"、"设置字体大小"、"设置颜色"和"消除锯齿"选项与文字工具属性栏中的相应选项功能相同。

»» **设置段落格式**

设置段落格式包括设置段落文字的对齐方式和缩进方式等，不同的段落格式具有不同的文字效果。选择文字工具后，将鼠标光标置于需要设置的段落中，然后单击文字属性栏中的"切换字符和段落面板"按钮■，即可打开"段落"面板，如图6-20所示。

该面板中各选项的含义如下：

▪ 图6-20

- ▨ 🔲 **按钮：** 用于设置文字的对齐方式。
- ▨ **"左缩进"文本框** 🔲 0点 ：用于设置段落左侧的缩进量。对于直排文字，该选项控制段落顶端的缩进。
- ▨ **"右缩进"文本框** 🔲 0点 ：用于设置段落右侧的缩进量。对于直排文字，该选项控制段落底部的缩进。
- ▨ **"首行缩进"文本框** 🔲 0点 ：用于设置段落第一行的缩进量。对于直排文字，该选项控制顶端缩进。在创建首行悬挂缩进时需输入负值。

■ **"段前添加空格"文本框** 〔■ 0点 〕：用于设置每段文字与前一段的距离。

■ **"段后添加空格"文本框** 〔■ 0点 〕：用于设置每段文字与后一段的距离。

■ **"避头尾法则设置"下拉列表框**：用于设置换行集宽松或严谨，有"宽松"和"严格"两个选项。

■ **"间距组合设置"下拉列表框**：可设置内部字符集间距。

■ **"连字"复选框**：选中该复选框，可以将文字的最后一个外文单词拆开，形成连字符号，使剩余的部分自动换到下一行。

下面练习对文字的格式进行调整，具体操作步骤如下：

01 启动Photoshop CC，打开"段落文字.psd"素材文件，如图6-21所示。

■ 图6-21

02 单击工具箱中的"横排文字工具"按钮 ■，然后在图像窗口中选取段落的第一个字符，如图6-22所示。

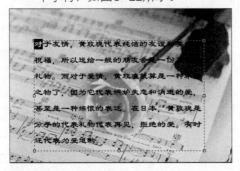

■ 图6-22

03 单击属性栏中的"切换字符和段落面板"按钮■，打开"字符"面板。设

置"水平缩放"和"垂直缩放"均为"200%"，然后单击"仿粗体"按钮 ■，如图6-23所示。

■ 图6-23

04 打开"段落"面板，设置"左缩进"为"10点"，"首行缩进"为"20点"，然后在"间距组合设置"下拉列表框中选择"间距组合1"选项，如图6-24所示。

■ 图6-24

学一学 6.3 文字的高级操作 »

在Photoshop CC中，除了可以进行文字的基本操作外，还可以进行变形文字和沿路径输入文字等高级操作。

6.3.1 制作变形文字 》 〉

使用文字变形功能,可以使文字产生具有视觉冲击力的文字效果,如扭曲、膨胀和挤压等。下面练习使用变形文字功能,制作文字特效,具体操作步骤如下:

01 启动Photoshop CC,打开"树叶.jpg"素材文件,如图6-25所示。

◢ 图6-25

02 单击工具箱中的"横排文字工具"按钮■,在图像窗口中输入文字,如图6-26所示。

◢ 图6-26

03 单击属性栏中的"创建文字变形"按钮 ∫,弹出"变形文字"对话框。在"样式"下拉列表框中选择"凸起"选项,然后拖动"弯曲"滑块至"+50",拖动"水平扭曲"滑块至"-10",拖动"垂直扭曲"滑块至"-20",单击"确定"按钮,如图6-28所示。

◢ 图6-27

04 参数设置完成后,变形后的文字效果如图6-28所示。

◢ 图6-28

6.3.2 栅格化文字 》 〉

栅格化文字图层是指将文字图层转换成普通图层,在转换后的图层中能应用各种滤镜效果,文字图层以前所用的图层样式并不会因转换而受到影响,但无法再进行文字编辑操作。栅格化文字图层主要有如下两种方法:

◪ 在菜单栏上选择"图层"→"栅格化"→"文字"命令。

◪ 在"图层"面板中选择文字图层,单击鼠标右键,在弹出的快捷菜单中选择"栅格化文字"命令。

栅格化文字前后的图层对比如图6-29和图6-30所示。

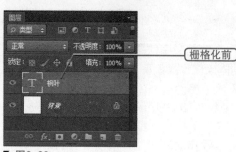

栅格化前

栅格化后

☑ 图6-29

☑ 图6-30

栅格化文字图层后，图层中的文字将不再具有文字属性，也就不能对文字进行字符和段落属性的设置了。

6.3.3 沿路径输入文字 》》》

在Photoshop CC中，用户可以使输入的文字沿路径放置，从而创建出样式更加丰富的文字效果。

》》》 **沿开放路径输入文字**

沿开放路径输入文字的方法很简单，只需使用路径工具绘制一条路径，然后选择文字工具，将鼠标光标移到该路径上，当光标呈 I 显示时单击，出现插入光标后输入文字即可。

下面在图像窗口中绘制一条路径，然后沿着绘制的路径输入文字，具体操作步骤如下：

01 启动Photoshop CC，打开"树苗.jpg"素材文件。单击工具箱中的"钢笔工具"按钮 ☑，然后在图像窗口中绘制一条开放式路径，如图6-31所示。

02 单击工具箱中的"横排文字工具"按钮 ■，将鼠标光标移动到路径上，当光标呈 I 显示时单击，在出现插入光标后输入文字，如图6-32所示。

☑ 图6-31

☑ 图6-32

》》》 **沿封闭路径输入文字**

在Photoshop CC中，文字除了可以沿一条路径排列外，还可以包含在一个封闭的路径区域中。在图像窗口中绘制好封闭的路径后，选择文字工具，将光标移动到封闭路径内，当光标呈 I 显示时单击，在封闭路径内出现插入光标后输入文字即可。

下面在图像窗口中绘制一个封闭路径，然后在路径中输入文字，具体操作步骤如下：

01 启动Photoshop CC，打开"地球.jpg"素材文件，如图6-33所示。

图6-33

02 单击工具箱中的"椭圆工具"按钮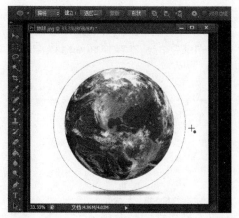，在属性栏设置绘图模式为"路径"，然后在图像窗口中按下"Shift+Alt"键，以地球中心点为圆心绘制一个正圆形的封闭路径，如图6-34所示。

图6-34

03 单击工具箱中的"横排文字工具"按钮，将鼠标光标移动到路径上，当光标呈显示时单击，在出现插入光标后输入文字，如图6-35所示。

图6-35

04 完成输入后，在属性栏中单击 按钮退出文字输入状态。沿封闭路径输入文字后的效果如图6-36所示。

图6-36

>> >> **调整文字在路径上的位置**

在路径上输入文字后，可以使用"路径选择工具"调整文字在路径上的位置，主要包括以下几种操作：

▨ 将鼠标光标移到路径文本左端，当光标呈显示时单击并拖动鼠标，路径上将出现一个随之移动的光标，当到达适当位置时释放鼠标，可以将路径上的文本向左或向右移动，如图6-37所示。

▨ 将鼠标光标移到路径右端，当光标呈显示时单击并拖动鼠标，可以暂时隐藏被拖过的路径上的文本。反方向拖动即可恢复被隐藏的文本，如图6-38所示。

图6-37

图6-38

提示

用户可以使用"添加锚点工具"、"删除锚点工具"和"转换点工具"对文字所在的路径进行编辑。在改变路径形状的同时，文字效果也随之改变。

练一练 6.4 制作个性化日历 》

案例描述 知识要点 素材文件 操作步骤

本章主要讲解了在Photoshop CC中输入文字，以及对文字的基本操作和高级操作等知识。下面结合前面所介绍的知识，制作个性化的日历。

案例描述 **知识要点** 素材文件 操作步骤

☑ 输入横排文字
☑ 输入段落文字
☑ 设置字符格式

案例描述 知识要点 素材文件 **操作步骤**

01 启动Photoshop CC，打开"6月.jpg"素材文件，作为日历的背景，如图6-39所示。

图6-39

02 单击工具箱中的"横排文字工具"按钮，在属性栏中设置字体为"Arial"，字号为"30点"，颜色为"R：61、G：162、B：13"，然后在图像窗口中输入文字，如图6-40所示。

图6-40

03 选择文字"sun"和"sat"，在"字符"面板中分别设置"sun"和"sat"的颜色为"R：255、G：0、B：0"和"R：0、G：0、B：255"，将周日和周六用不同的颜色标志，效果如图6-41所示。

◤ 图6-41

04 单击工具箱中的"横排文字工具"按钮▇，在图像窗口中按住鼠标左键绘制出一个文本框，如图6-42所示。

◤ 图6-42

05 在属性栏中设置字体为"Arial"，字号为"30点"，颜色为"R：0、G：0、B：0"，然后在图像窗口中输入六月份的号数，如图6-43所示。

◤ 图6-43

06 选择文本框中的文字，将周日和周六的号数分别用颜色"R：255、G：0、B：0"和"R：0、G：0、B：255"标示出来，效果如图6-44所示。

◤ 图6-44

07 单击工具箱中的"横排文字工具"按钮▇，在属性栏中设置字体为"Magneto"，字号为"100点"，颜色为"R：108、G：133、B：41"，然后在图像窗口中输入文字"06"，如图6-45所示。

◤ 图6-45

08 单击工具箱中的"横排文字工具"按钮▇，在属性栏中设置字体为"English111 Vivace BT"，字号为"100点"，颜色为"R：245、G：83、B：37"，然后在图像窗口中输入文字"June"，如图6-46所示。

◤ 图6-46

想一想 6.5 疑难解答 »

问：在使用文字工具时，如果没有所需的字体该怎么办？

答：可以在网络上搜索并下载需要的字体文件或买一张字体光盘，然后将这些文字安装到操作系统中，这样在Photoshop中就可以使用这些字体了。

问：在设定字体大小时，在属性栏的字号下拉列表中，最大只能选择"72点"，如果想输入更大的字体，应该怎么办呢？

答：可以将光标定位到字号列表框中，手动输入需要的字体大小值，即可得到想要的字体大小。

想一想 6.6 学习小结 »

本章介绍了如何使用Photoshop在图像中输入文字，以及如何对文字进行编辑和处理。文字在图像制作中的应用非常广泛，在广告、封面、店招等图像设计中都起着非常重要的作用，初学者一定要多加练习。

第7章

图层应用

本章要点：

- ◢ 创建图层
- ◢ 编辑图层
- ◢ 图层样式的应用

Chapter

生：老师，在绘制图像时，如果有一个环节出错，就会破坏图像的整体效果，就要重新进行绘制，有什么方法可以避免这种情况发生吗？

师：为了方便修改图像，用户可以将图像的不同部分绘制到不同的图层上。在修改图像时，只需在部分图层上修改即可，不会影响到图像的整体。

生：我听说使用Photoshop CC可以制作出各种各样的特殊效果，如发光、浮雕和透明等，这些效果是怎么制作出来的呢？

师：图像的特殊效果可以通过为图层添加图层样式获得，还可以通过混合图层来实现。此外，Photoshop CC也提供了许多样式供用户选择，使制作特殊效果变得更加方便快捷。

在Photoshop CC中，图像的任何合成效果都离不开对图层的编辑，使用图层对图像进行编辑可以制作出各种复杂漂亮的效果。本章将详细介绍Photoshop CC中图层的主要功能及具体使用方法，包括新建图层、编辑图层、设置图层混合模式及设置图层样式等。

试一试 7.1 应用图层效果为衣服更换图案 >>

| 案例描述 | 知识要点 | 素材文件 | 操作步骤 |

本案例将为衣服更换图案，主要练习图层混合模式的应用。

| 案例描述 | 知识要点 | 素材文件 | 操作步骤 |

☑ 复制图层

☑ 变换图像

☑ 更改图层混合模式

| 案例描述 | 知识要点 | 素材文件 | 操作步骤 |

01 启动Photoshop CC，打开"衣服.jpg"和"枫叶.jpg"素材文件，如图7-1和图7-2所示。

☑ 图7-1

☑ 图7-2

02 单击工具箱中的"移动工具"按钮，然后将"枫叶.jpg"素材文件拖动到"衣服.jpg"图像上，并使用"变换图像"命令对其进行缩放操作，如图7-3所示。

☑ 图7-3

03 在"图层"面板中选择"图层1"，然后将混合模式改为"深色"，得到的效果如图7-4所示。

☑ 图7-4

学一学 7.2 创建图层 »

　　图层是组成图像的基本元素，图像的每个部分都可以分别放置在不同的图层中，这些图层叠放在一起即可形成完整的图像效果，增加或删除任何一个图层都可能影响整个图像效果。

7.2.1 认识"图层"面板 »»

　　图层的相关操作大多是在"图层"面板中进行的，选择"窗口"→"图层"菜单命令，即可打开"图层"面板，如图7-5所示。

　　下面先来认识一下"图层"面板的功能：

▨ 图7-5

◪ **"混合模式"下拉列表框**：用于设置当前图层与其他图层叠加的效果。

◪ **"不透明度"文本框**：用于设置当前图层的不透明度，默认为"100%"，即不透明。

◪ **"填充"文本框**：用于设置当前图层内容填充后的不透明度。

◪ **"锁定"工具栏**：用于锁定图层中的指定对象。单击■按钮后，将无法对当前图层中的透明像素进行任何编辑操作；单击◪按钮后，将无法在当前图层中进行绘制操作；单击✛按钮后，将无法移动当前图层；单击🔒按钮后，将无法对当前图层进行任何编辑操作。

◪ **"控制面板菜单"按钮**▤：单击该按钮，可以在弹出的子菜单中进行新建、删除、链接和合并图层等操作。

◪ **"指示图层可见性"图标**👁：用于显示或隐藏图层。在图层左侧显示该图标时，其中的图像将在图像窗口中显示，单击该图标使其消失，将隐藏该图层中的图像。

◪ **当前图层**：在"图层"面板中，以蓝色显示的图层为当前图层，单击所需图层，即可使其成为当前图层。

◪ **"添加图层样式"按钮**fx：用于为当前图层添加图层样式效果。

◪ **"添加图层蒙版"按钮**◉：用于为当前图层添加图层蒙版。

◪ **"创建新填充或调整图层"按钮**◑：用于创建填充或调整图层。

◪ **"创建新组"按钮**▭：用于新建图层组，图层组用于放置多个图层。

◪ **"创建新图层"按钮**▤：用于创建一个新的空白图层。

◪ **"删除图层"按钮**🗑：用于删除图层。

7.2.2 新建图层 »»»

　　新建图层主要包括新建空白图层、通过选区创建新图层等，接下来将具体讲解各种创建方法。

»» 新建空白图层

　　新建空白图层的方法很简单，主要有以下两种：

◪ 单击"图层"面板底部的"创建新图层"按钮▤，即可新建空白图层。

选择"图层"→"新建"→"图层"菜单命令,即可新建空白图层。

提示

新建的图层以"图层N"为默认名显示(其中N为阿拉伯数字,从1开始)。

>>> **通过选区创建新图层**

在处理图像文件时,为编辑的图像建立选区并新建为新图层进行操作,可以避免对原图编辑失误。下面练习打开图像,为花朵创建选区,并从选区创建新图层,具体操作步骤如下:

01 启动Photoshop CC,打开"花.jpg"素材文件,如图7-6所示。

图7-6

02 单击工具箱中的"快速选择工具"按钮，为图中的红色花朵创建选区,如图7-7所示。

图7-7

03 在选区上单击鼠标右键,在弹出的快捷菜单中选择"通过拷贝的图层"命令,如图7-8所示。

图7-8

技巧

使用"Ctrl+J"组合键可以快速将选区复制为新图层。

04 打开"图层"面板,可以看到新图层只包含选区中的图像,如图7-9所示。

图7-9

7.2.3 重命名图层 >>>

为了便于区分图层,用户还可以对图层重命名。为图层重命名的方法主要有以下几种:

- ▨ 在"图层"面板中双击图层名称，当其呈可编辑状态时输入新名称。
- ▨ 在图层名称上单击鼠标右键，在弹出的快捷菜单中选择"图层属性"命令。在打开的"图层属性"对话框的"名称"文本框中输入新名称后，单击"确定"按钮。

7.2.4 图层的复制与删除 »»

在Photoshop CC中，用户可以对图层进行复制和删除操作。

»» 复制图层

复制图层可以得到相同的图层及其中的图像，复制图层的方法有以下几种：

- ▨ 在"图层"面板中选择要复制的图层，将该图层拖动到"新建图层"按钮🔲上。
- ▨ 在"图层"面板中用鼠标右键单击要复制的图层，在弹出的快捷菜单中选择"复制图层"命令。
- ▨ 选择要复制的图层，然后选择"图层"→"复制图层"菜单命令。
- ▨ 选择要复制的图层，然后按下"Ctrl+J"组合键即可。

»» 删除图层

删除图层的方法主要有以下几种：

- ▨ 在"图层"面板中选择要删除的图层，单击🗑按钮。
- ▨ 在"图层"面板中选择要删除的图层，将该图层拖动到🗑按钮上。
- ▨ 在"图层"面板中要删除的图层上单击鼠标右键，在弹出的快捷菜单中选择"删除图层"命令。
- ▨ 选择要删除的图层，然后选择"图层"→"删除"→"图层"菜单命令。
- ▨ 选择要删除的图层，然后按下"Delete"键即可。

7.3 编辑图层 »

用户可以对图层进行编辑操作，如移动图层、排列图层、链接图层、对齐与分布图层、合并与层组图层等，通过这些编辑操作可以将图像修饰得更加符合需要。

7.3.1 图层的选择、移动与排序 »»

图层的选择、移动与排序是图层应用中最基本的操作，几乎所有的图层应用都会涉及这些基本操作，下面分别进行讲解。

»» 选择图层

用户要对某个图层进行操作，首先要选中该图层。选择图层的方法主要有以下两种：

- ▨ 在"图层"面板中单击要操作的图层，如图7-10所示。
- ▨ 选中移动工具■，在图像窗口中用鼠标右键单击要选择的图层区域，在弹出的快捷菜单中选择图层名称，如图7-11所示。

◤ 图7-10

◤ 图7-11

>> >> **移动图层**

移动图层是指将该图层中的图像进行整体移动，在Photoshop CC中可以移动一个图层，也可以同时移动多个图层。选中要移动的图层后，使用工具箱中的"移动工具" ，即可移动图层。

下面通过一个实例练习图层的移动，具体操作步骤如下：

01 启动Photoshop CC，打开"熊.psd"素材文件，如图7-12所示。

02 分别移动"图层1"和"图层2"到图像左上角，如图7-13所示。

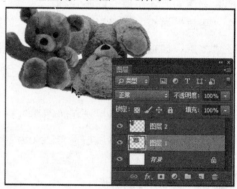

◤ 图7-12

◤ 图7-13

>> >> **调整图层顺序**

"图层"面板中的所有图层都是按一定顺序进行排列的，图层顺序决定了图层在图像窗口中的显示顺序。

对图层进行排序的方法很简单，只需在"图层"面板中选择需要设置排列顺序的图层，然后按住鼠标左键，将其拖动到目标位置，当出现一条双线时，释放鼠标即可，如图7-14所示。

◤ 图7-14

7.3.2 图层的自动对齐 >>>

使用图层的自动对齐功能，可以根据不同图层中的相似内容自动对齐图层，也可以让Photoshop自动选择参考图层，让其他图层与参考图层对齐。

在"图层"面板中选择需要对齐的图层后，执行"编辑"→"自动对齐图层"菜单命令，弹出"自动对齐图层"对话框，如图7-15所示。

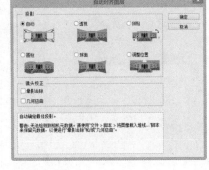

■ 图7-15

该对话框中各选项的含义如下：

■ **"自动"单选按钮**：选择该单选按钮，系统将分析源图像，然后自动应用"透视"或"圆柱"方式进行图层对齐。

■ **"透视"单选按钮**：选择该单选按钮，可以通过将源图像中的一个图像指定为参考图像来创建一致的复合图像，然后变换其他图像，以便匹配图层的重叠内容。

■ **"拼贴"单选按钮**：选择该单选按钮，可以对齐图层并匹配重叠内容，而不更改图像中对象的形状。

■ **"圆柱"单选按钮**：选择该单选按钮，可以通过在展开的圆柱上显示各个图像来减少在"透视"版面中出现的扭曲，最适合创建宽全景图。

■ **"球面"单选按钮**：选择该单选按钮，可以指定某个源图像作为参考图像，并对其他图像执行球面变换，以便匹配重叠的内容。

■ **"调整位置"单选按钮**：选择该单选按钮，可以对齐图层并匹配重叠内容，但不会变换任何源图层。

■ **"晕影去除"复选框**：选中该复选框，可以对图像边缘尤其是角落比图像中心暗的镜头缺陷进行补偿。

■ **"几何扭曲"复选框**：选中该复选框，可以补偿桶形、枕形或鱼眼失真。

下面练习在图像文件中自动对齐图层，具体操作步骤如下：

01 启动Photoshop CC，打开"花瓶.psd"素材文件，如图7-16所示。

■ 图7-16

02 在"图层"面板中，按住"Ctrl"键的同时单击选择3个图层，如图7-17所示。

■ 图7-17

03 选择"编辑"→"自动对齐图层"菜单命令，在弹出的"自动对齐图层"对话框中选择"自动"单选按钮，然后单击"确定"按钮，如图7-18所示。

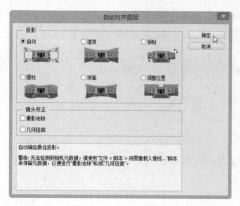

■ 图7-18

■ 图7-19

04 使用"自动对齐图层"命令对齐图层后的效果如图7-19所示。

7.3.3 图层的链接、对齐与分布 »»

链接图层是指将多个图层连接成一组,链接图层后可以同时对链接的图层进行移动等操作;对齐图层是指将两个或两个以上图层按照一定的规律进行对齐排列;分布图层是指将3个以上图层按一定规律在图像窗口中进行分布。

»» 链接图层

选择需要链接的多个图层后,单击"图层"面板底部的"链接图层"按钮 🔗 ,或执行"图层"→"链接图层"菜单命令,即可快速链接选择图层,如图7-20所示。

■ 图7-20

在"图层"面板中选择一个链接的图层后,所有与之链接的图层将显示 🔗 图标。对链接图层中的任意图层进行操作,其他链接图层也将同时发生变化。选择被链接的图层,单击"图层"面板中的 🔗 按钮,可将该图层从链接中取消。

»» 对齐图层

对齐图层是指将两个或两个以上图层中的非透明图像以不同方式进行对齐。选择需要对齐的图层后,执行"图层"→"对齐"菜单命令,在弹出的"对齐"子菜单中可以选择顶边、底边、左边、垂直居中、右边等对齐方式进行对齐操作。

»» 分布图层

分布图层是指将3个以上图层中的非透明图像以不同方式在图像窗口中进行分布,其操作方法与对齐图层相似。在"图层"面板中选择3个以上图层后,执行"图层"→"分布"菜单命令,在弹出的子菜单中选择所需的分布方式即可。

7.3.4 图层的合并和层组 »»

用户可以将编辑好的多个图层合并成一个图层,以便减少文件大小。如果要对图层进行统一编辑,还可以将图层层组。

»» 合并图层

在默认的psd图像文件中,各个图层都会被分开保存下来,图层越多,文件就越大。用户可以将编辑好的图层进行合并,以减小文件大小。

选择需要合并的图层后,单击"图层"面板右侧的 ■ 按钮,在弹出的快捷菜单中选择合并图层的相关命令即可,如图7-21所示。

该快捷菜单中相关命令的含义如下:

◪ **合并图层**:选择该命令,可以合并被链接或选择的多个图层。

◪ **合并可见图层**:选择该命令,可以合并除隐藏图层以外的所有图层。

◪ **拼合图像**:选择该命令,可以将所有可见图层合并到背景中并扔掉隐藏的图层,并以白色填充所有的透明区域。

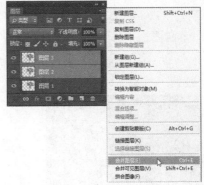

◪ 图7-21

>> >> ■**层组图层**

层组图层是指将多个图层放置在一个图层组中,以便对多个图层进行移动、复制和删除等操作。创建图层组的方法很简单,只需单击"图层"面板底部的"创建新组"按钮 ■ 即可,如图7-22所示。

■**技巧**■

用户也可以在"图层"面板中选择需要组成图层组的图层,然后按住鼠标左键,将其拖动到"图层"面板底部的"创建新组"按钮 ■ 上,释放鼠标后,将把选择的图层创建为图层组。

◪ 图7-22

7.3.5 图层的隐藏和锁定 >> >>

在Photoshop CC中,用户可以对暂时不需要编辑的图层进行隐藏,使图层中的图像不在窗口中显示且不能对其进行编辑。此外,还可以对编辑完成的图层进行锁定,保护被锁定部分的图像文件。

>> >> ■**隐藏图层**

在"图层"面板中,单击图层名称左侧的眼睛图标 ■ ,可以将图层隐藏,即在图像窗口中不显示该图层的内容,如图7-23所示。

  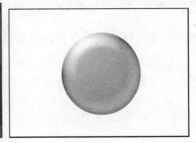

◪ 图7-23

提示

将图层隐藏后，再次单击该图层名称左侧的空白框，可以取消该图层的隐藏，在图像窗口中显示该图层的内容。

>>> **锁定图层**

在"图层"面板中，单击"锁定全部"按钮🔒，可以将图层完全锁定，图层名称右侧将会出现一个🔒图标，如图7-24所示。

◢ 图7-24

7.3.6 调整图层的混合模式 >>>

图层的混合模式是指当前图层中的图像与下方图层中的图像进行色彩混合的方式。Photoshop CC中提供了27种不同效果的混合模式，在"图层"面板的"混合模式"下拉列表框中选择不同的选项，可改变当前图层的混合模式。

27种混合模式介绍如下：

◢ **正常：**该模式是默认的图层混合模式，图层间没有任何影响，如图7-25所示。

◢ **溶解：**该模式用于产生溶解效果，可配合不透明度来使溶解效果更加明显。如图7-26所示是图层不透明度为70%时的溶解效果。

◢ 图7-25

◢ 图7-26

◢ **变暗：**该模式将查看每个通道中的颜色信息，并将当前图层中较暗的色彩调整得更暗，将较亮的色彩变得透明，如图7-27所示。

◢ **正片叠底：**该模式将当前图层中的图像颜色与其下层图层中的图像颜色混合相乘，得到比原来的两种颜色更深的第3种颜色，如图7-28所示。

图7-27

图7-28

■ **颜色加深**：该模式将增强当前图层与下面图层之间的对比度，从而得到颜色加深的图像效果。与白色混合后不发生变化，如图7-29所示。

■ **线性加深**：该模式将查看每个通道中的颜色信息，并通过减小亮度使基色变暗以反映混合色。与白色混合后不发生变化，如图7-30所示。

图7-29

图7-30

■ **深色**：该模式将比较混合色和基色的所有通道值的总和，并显示值较小的颜色，如图7-31所示。

■ **变亮**：该模式与变暗模式的效果相反，选择基色或混合色中较亮的颜色作为结果色。比混合色暗的像素被替换，比混合色亮的像素保持不变，如图7-32所示。

图7-31

图7-32

■ **滤色**：该模式将混合色的互补色与基色混合，以得到较亮的颜色。用黑色过滤时，颜色保持不变，用白色过滤时，将产生白色，如图7-33所示。

■ **颜色减淡**：该模式将通过减小对比度来提高混合后图像的亮度，如图7-34所示。

图7-33

图7-34

■ **线性减淡（添加）**：该模式将通过增加亮度来提高混合后图像的亮度，如图7-35所示。

■ **浅色**：该模式将比较混合色和基色的所有通道值的总和，并显示值较大的颜色，如图7-36所示。

图7-35

图7-36

■ **叠加**：该模式根据下层图层的颜色，将当前图层的像素进行相乘或覆盖，产生变亮或变暗的效果，如图7-37所示。

■ **柔光**：该模式将产生一种柔和光线照射的效果，高亮度的区域更亮，暗调区域更暗，使反差增大，如图7-38所示。

图7-37

图7-38

■ **强光**：该模式将产生一种强烈光线照射的效果，如图7-39所示。

■ **亮光**：该模式将通过增加或减小对比度来加深或减淡颜色，具体取决于混合色。如果混合色比50%灰色亮，则通过减小对比度使图像变亮；如果混合色比50%灰色暗，则通过增加对比度使图像变暗，如图7-40所示。

图7-39

图7-40

 线性光：该模式将通过减小或增加亮度来加深或减淡颜色，具体取决于混合色。如果混合色比50%灰色亮，则通过增加亮度使图像变亮；如果混合色比50%灰色暗，则通过减小亮度使图像变暗，如图7-41所示。

 点光：该模式根据当前图层与下层图层的混合色来替换部分较暗或较亮像素的颜色，如图7-42所示。

图7-41

图7-42

 实色混合：该模式将根据当前图层与下层图层的混合色产生减淡或加深效果，如图7-43所示。

 差值：该模式将根据图层颜色的亮度对比进行相加或相减，与白色混合将使颜色反相，与黑色混合则不产生变化，如图7-44所示。

图7-43

图7-44

 排除：该模式下，如果图像颜色为白色，将显示颜色的补色；如果图像颜色为黑色，则无任何变化，如图7-45所示。

 减去：该模式将查看每个通道中的颜色信息，并从基色中减去混合色，如图7-46所示。

图7-45

图7-46

▨ **划分**：该模式将查看每个通道中的颜色信息，并从基色中分割混合色，如图7-47所示。

▨ **色相**：该模式将使用当前图层的亮度和饱和度与下一图层的色相进行混合，如图7-48所示。

图7-47

图7-48

▨ **饱和度**：该模式将使用当前图层的亮度和色相与下一图层的饱和度进行混合，如图7-49所示。

▨ **颜色**：该模式将使用当前图层的亮度与下一图层的色相和饱和度进行混合，如图7-50所示。

图7-49

图7-50

▨ **明度**：该模式将使用当前图层的色相和饱和度与下一图层的亮度进行混合，如图7-51所示。

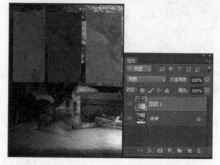

图7-51

7.3.7 调整图层的不透明度 >>>

在"图层"面板中设置图层的不透明度之后,可以使图层产生透明或半透明效果,从而与下层图像混合,以创建出特殊的图像效果。

"图层"面板右上方的"不透明度"文本框用来设置不透明度,其取值范围在0%~100%之间;当值为100%时,图层完全不透明;为0%时,图层完全透明。图7-52和图7-53分别是不透明度为100%和50%时的图像效果。

不透明度为100%

不透明度为50%

■图7-52 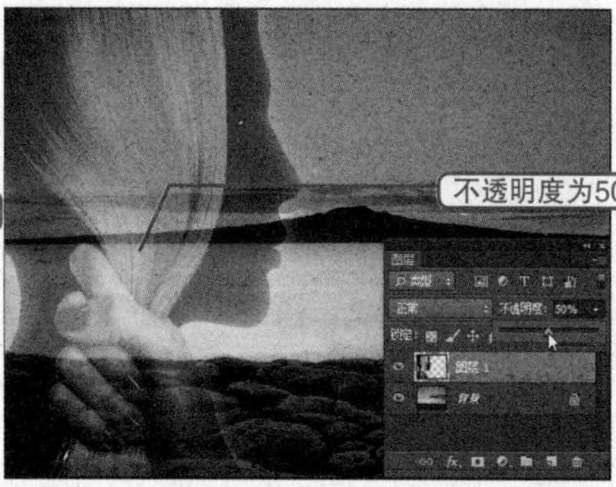　　　　　　　　　　　　■图7-53

> **提示**
>
> 在"图层"面板的"填充"文本框中也可调整图层不透明度,但改变"填充"文本框中的数值,图层样式的不透明度将不受影响,只调整图层中图像的不透明度。

7.3.8 将背景图层转换为普通图层 >>>

背景图层默认是被锁定的,不能更改其图层顺序及移动图层中的图像,通过以下操作可以将背景图层转换为普通图层,具体方法如下:

01 在"图层"面板中双击背景图层上的🔒图标,如图7-54所示。

■图7-54

02 弹出"新建图层"对话框,输入图层名称,单击"确定"按钮即可,如图7-55所示。

■图7-55

> **提示**
>
> 用户还可以根据需要将任意图层转换为背景图层。选择图层后,再执行"图层"→"新建"→"图层背景"菜单命令即可。

学一学 7.4 图层样式的应用 >>

在Photoshop CC中可以为图层添加样式,使图像效果更生动、美观。添加图层样式是指为图层中的普通图像添加效果,从而制作出具有阴影、斜面和浮雕、光泽、图案叠加、描边等特殊效果的图像。执行"图层"→"图层样式"菜单命令,在打开的子菜单中即可看到Photoshop CC的所有图层样式。

各图层样式的含义如下:

- **混合选项**：用于设置图像综合参数及混合方式。
- **投影和内阴影**：用于为图像添加投影和内阴影。
- **外发光**：用于在图像边缘的外部制作发光效果。
- **内发光**：用于在图像边缘的内部制作发光效果。
- **斜面和浮雕**：用于为图像制作三维立体效果。
- **光泽**：用于为图像添加高光，制作光泽质感。
- **颜色、渐变和图案叠加**：用于为图像添加单色、渐变色和图案填充。
- **描边**：用于在图像边缘制作描边效果。

7.4.1 添加图层样式 »

执行"图层"→"图层样式"菜单命令，或在"图层"面板中单击底部的 *fx.* 按钮，在弹出的菜单中选择所需样式，弹出"图层样式"对话框后，在对话框左侧的"样式"列表框中，选中需要添加的图层样式名称前的复选框，然后在对话框右侧的参数区设置参数，完成后单击"确定"按钮，即可添加图层样式。

下面练习为图像文件添加图层样式，具体操作步骤如下：

01 启动Photoshop CC，打开"脚印.psd"素材文件。图像文件包含"图层1"和"图层2"两个图层，如图7-56所示。

▨ 图7-56

02 在"图层"面板中选择"图层1"图层，单击"图层"面板底部的 *fx* 按钮，在弹出的快捷菜单中选择"投影"命令，如图7-57所示。

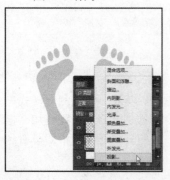

▨ 图7-57

03 弹出"图层样式"对话框，进入"投影"选项卡，相关参数设置如图7-58所示。

▨ 图7-58

04 设置完成后单击"确定"按钮，效果如图7-59所示。

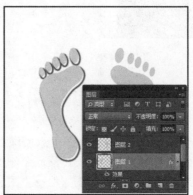

▨ 图7-59

05 单击"图层"面板底部的 ▓ 按钮，在弹出的快捷菜单中选择"斜面和浮雕"选项，如图7-60所示。

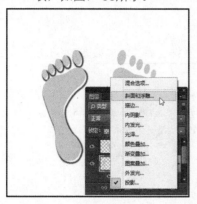

◪ 图7-60

06 弹出"图层样式"对话框，进入"斜面和浮雕"选项卡，相关参数的设置如图7-61所示。

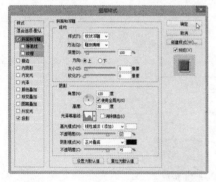

◪ 图7-61

07 设置完成后单击"确定"按钮，效果如图7-62所示。

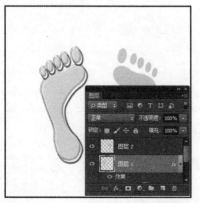

◪ 图7-62

08 单击"图层"面板底部的 ▓ 按钮，在弹出的快捷菜单中选择"外发光"选项，如图7-63所示。

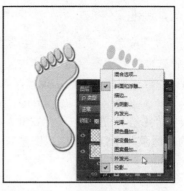

◪ 图7-63

09 在打开的"图层样式"对话框中设置相关参数。如设置发光颜色，在"方法"下拉列表框中设置内发光效果使用的方式，在"范围"文本框中设置内发光效果的轮廓范围，在"抖动"文本框中设置渐变发光色和不透明度的应用，如图7-64所示。

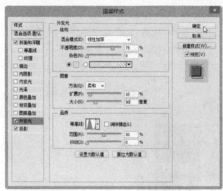

◪ 图7-64

10 设置完成后单击"确定"按钮，效果如图7-65所示。

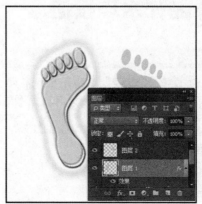

◪ 图7-65

7.4.2 复制与清除图层样式 »

　　图层样式设置完成后，可通过复制图层样式操作，将其应用到其他图层上，以减少重复操作，提高工作效率。若不需要该图层样式，还可将其清除。

　　下面练习在图像文件中复制图层样式，具体操作步骤如下：

01 打开上一节中制作完成的图像，在"图层"面板的"图层1"上单击鼠标右键，在弹出的快捷菜单中选择"拷贝图层样式"命令，如图7-66所示。

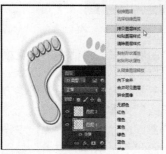

◾ 图7-66

02 在"图层2"上单击鼠标右键，在弹出的快捷菜单中选择"粘贴图层样式"命令，如图7-67所示。

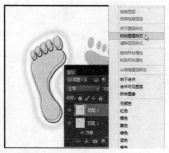

◾ 图7-67

03 粘贴图层样式后的效果如图7-68所示。

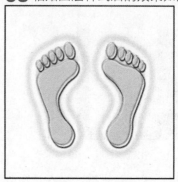

◾ 图7-68

> **提示**
> 若需要删除图层样式，只需在图层上单击鼠标右键，在弹出的快捷菜单中选择"清除图层样式"命令即可，如图7-69所示。

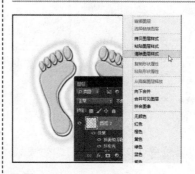

◾ 图7-69

练一练 7.5 制作水珠按钮 »

| 案例描述 | 知识要点 | 素材文件 | 操作步骤 |

　　本章主要介绍"图层"面板的组成、基本操作及混合模式、不透明度、图层样式等知识。下面练习制作水珠按钮，使读者巩固图层的应用方法：

| 案例描述 | 知识要点 | 素材文件 | 操作步骤 |

◪ 创建选区

◪ 新建图层

◪ 设置图层样式

◪ 复制图层

案例描述　知识要点　素材文件　**操作步骤**

01 在菜单栏上选择"文件"→"新建"命令，在弹出的"新建"对话框中设置名称为"水珠按钮"，宽度为"200像素"，高度为"200像素"，分辨率为"300像素/英寸"，然后单击"确定"按钮，如图7-70所示。

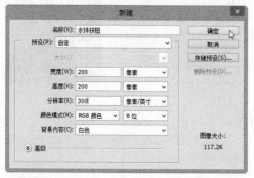

▨ 图7-70

02 在工具箱中单击"椭圆选框工具"按钮◯，按住"Shift+Alt"组合键不放，绘制圆形选区，如图7-71所示。

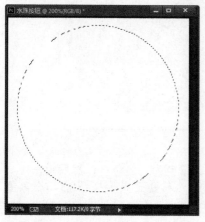

▨ 图7-71

03 在"图层"面板中单击底部的"创建新图层"按钮，创建"图层1"。单击工具箱中的"默认前景色和背景色"按钮，按下"Ctrl+Delete"组合键填充背景色，如图7-72所示。

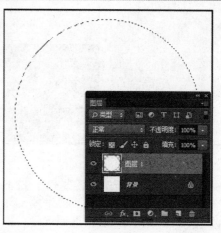

▨ 图7-72

04 在"图层"面板中新建"图层2"，在工具箱中设置"前景色"为"R：0、G：255、B：255"。单击工具箱中的"渐变工具"按钮，在其属性栏中单击"颜色条"图标，在弹出的"渐变编辑器"对话框中选择"前景色到透明渐变"样式，然后单击"确定"按钮，如图7-73所示。

▨ 图7-73

05 在属性栏中单击"线性渐变"按钮，然后将鼠标指针移动到选区内，再按住鼠标左键不放，并从上向下拖动，释放鼠标后，即可为图层2填充渐变色，如图7-74所示。

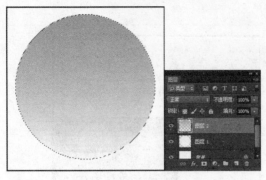

☑ 图7-74

06 在"图层"面板中新建"图层3",按下
"Alt+Delete"组合键填充前景色,然
后按下"Ctrl+D"组合键取消选区,如
图7-75所示。

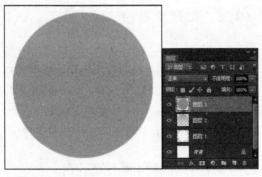

☑ 图7-75

07 单击工具箱中的"椭圆选框工具"按钮
⬭,在图像上绘制椭圆选区,然后执
行"选择"→"修改"→"羽化"菜单
命令,设置羽化半径为12像素,如图
7-76所示。

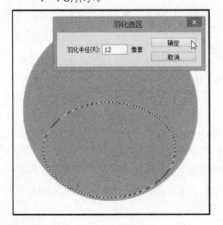

☑ 图7-76

08 按下"Delete"键删除选区内的图像,
再按下"Ctrl+D"组合键取消选区,如
图7-77所示。

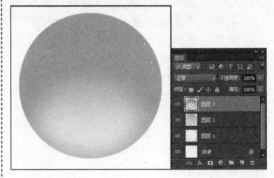

☑ 图7-77

09 在"图层"面板中新建"图层4",然后
在图像窗口中绘制椭圆选区,如图7-78
所示。

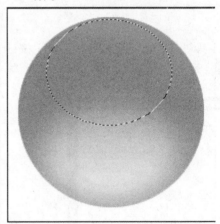

☑ 图7-78

10 设置前景色为"白色",然后单击工具
箱中的"渐变工具"按钮▣,在其属
性栏中单击"颜色条"图标,在弹出的
"渐变编辑器"对话框中选择"前景色
到透明渐变"样式,单击"确定"按钮
后,由上向下拖动,释放鼠标后,即可
填充渐变色,如图7-79所示。

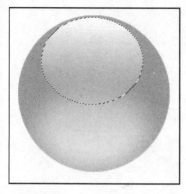

■图7-79

11 按下 "Ctrl+D" 组合键取消选区，然后打开 "胸.psd" 素材文件，并在图层面板中选中 "图层2"，如图7-80所示。

■图7-80

12 单击 "移动工具" 按钮 ，将图层2图像移动到按钮图像中，使用 "Ctrl+T" 组合键调节好图像大小，并在图层面板中将该图层的混合模式设置为 "正片叠底"，如图7-81所示。

■图7-81

13 选择 "图层3"，单击 "图层" → "图层样式" → "投影" 菜单命令，在弹出的对话框中选中 "投影" 选项，在其参数面板中设置距离为 "8像素"，大小为 "24像素"，然后单击 "确定" 按钮，如图7-82所示。

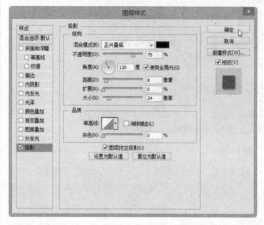

■图7-82

14 在 "图层" 面板中新建 "图层6"，然后单击工具箱中的 "椭圆选框工具" 按钮 ，在图像窗口中绘制一个较小的正圆，并填充为白色，如图7-83所示。

■图7-83

15 在图层面板选择 "图层6"，设置其 "填充" 不透明度为 "30%"，按下 "Ctrl+D" 组合键取消选区，如图7-84所示。

■ 图7-84

16 打开"图层样式"对话框,选择"投影"选项,在其参数面板中设置投影颜色为"R:160、G:160、B:160",不透明度为"100%",角度为"90度",距离为"1像素",大小为"1像素",如图7-85所示。

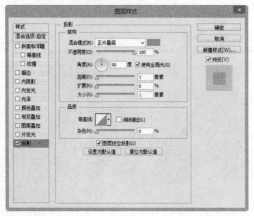

■ 图7-85

17 在"图层样式"对话框中选择"内阴影"选项,在其参数面板中设置混合模式为"颜色加深",阴影颜色为"白色",不透明度为"40%",角度为"90度",距离为"5像素",大小为"10像素",如图7-86所示。

■ 图7-86

18 在"图层样式"对话框中选择"内发光"选项,在其参数面板中设置混合模式为"叠加",不透明度为"40%",发光颜色为"白色",大小为"10像素",如图7-87所示。

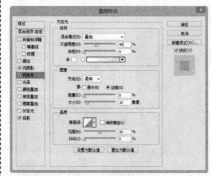

■ 图7-87

19 在"图层样式"对话框中选择"斜面和浮雕"选项,在其参数面板中设置样式为"内斜面",方法为"雕刻清晰",深度为"300%",大小为"20像素",软化为"10像素","高光模式"下的不透明度为"100%","阴影模式"下的不透明度为"40%",颜色为"白色",如图7-88所示。

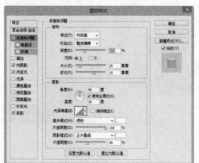

■ 图7-88

20 设置完成后单击"确定"按钮，得到的效果如图7-89所示。

并移动。重复这样的操作，并将部分图像进行自由变换操作，得到的最终效果如图7-90所示。

▣ 图7-89

▣ 图7-90

21 在工具箱中选择"移动工具"按钮，按住"Alt"键的同时拖动鼠标进行复制

想一想 7.6 疑难解答 》

问：在一个图像窗口中复制一个图层到另一个图像窗口中时，为什么会多复制一个不相关的图层？

答：这可能是因为在原图像中，复制的图层与其他图层相链接，因此，在移动时，被链接的图层也会移动到另一个图像中。如果只复制一个图层，则应在原图像的"图层"面板中取消链接，然后进行移动操作。

问：为什么设置混合模式为"溶解"时，产生的效果图不发生变化？

答：这是因为"溶解"混合模式是根据像素位置的不透明度来改变结果色的，因此，要产生不同的效果，就必须通过调整图层的不透明度来实现。

问：图层样式中的"描边"样式和"编辑"菜单栏中的"描边"命令有什么区别吗？

答：当然有区别。图层样式中的"描边"样式是直接应用在图层中的，与是否建立选区无关，并且可随时修改描边的设置；"编辑"菜单栏中的"描边"命令可以作用于整个图层，也可以仅在选区上描边，但设置好的描边不能进行修改。

想一想 7.7 学习小结 》

本章学习了图层的相关知识和操作，通过学习我们可以发现，图层的核心作用是将一个图像分解成多个重叠的图像，从而使在编辑某一图层的图像时不影响其他图层的图像。此外，通过设置图层的样式及混合模式等，可以制作出许多特殊的效果。

第8章

路径的应用

本章要点：
- 路径的基本概念
- 绘制路径
- 路径与选区的转换
- 路径的基本操作

Chapter

学生：老师，我想绘制一些流畅的线条，但我觉得使用画笔工具不是很好实现，还有什么办法吗？

老师：单纯使用画笔工具很难绘制出流畅的线条，但我们可以借助路径工具进行绘制，这样就可以绘制出精确的图像了。

学生：原来是这样，快教我使用路径工具吧！

老师：需要注意的是，在绘制路径的过程中要不断对路径进行调整，才能绘制出漂亮的线条。

在Photoshop CC中，使用路径工具能创建不规则的、复杂的图像区域。用户可以对路径的形状进行调整，也可以沿着路径的轮廓对其进行填充和描边，还可将其转换为选区，或将选区转换为路径。下面就对路径的使用进行详细讲解。

试一试 8.1 使用路径工具绘制广告牌 》

案例描述 | 知识要点 | 素材文件 | 操作步骤

本案例将利用矩形工具、钢笔工具和文字工具绘制一个广告牌，主要练习使用钢笔工具绘制路径的操作。

案例描述 | **知识要点** | 素材文件 | 操作步骤

◣ 绘制路径
◣ 编辑路径
◣ 填充路径

案例描述 | 知识要点 | 素材文件 | **操作步骤**

01 选择"文件"→"新建"菜单命令，在弹出的"新建"对话框中新建一个宽度为1024像素、高度为1000像素、分辨率为300像素/英寸的RGB图像。

02 单击工具箱中的"矩形工具"按钮 ▣，在其属性栏中设置模式为"路径"，然后在图像窗口中绘制出矩形路径，如图8-1所示。

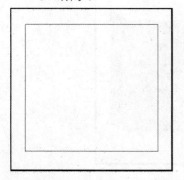

◢ 图8-1

03 单击工具箱中的"添加锚点工具"按钮 ✐，对矩形路径添加锚点，如图8-2所示。

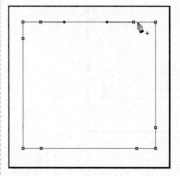

◢ 图8-2

04 单击工具箱中的"直接选择工具"按钮 ▶，然后在按住"Shift"键的同时在路径上选择如图8-3所示的3个锚点。

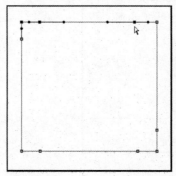

◢ 图8-3

05 单击键盘上的"向下"方向键↓，连续按方向键7次，这时即可将选择的锚点向下移动70像素，如图8-4所示。

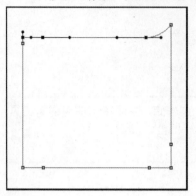

■ 图8-4

06 利用步骤4和步骤5的方法选择矩形路径下方的锚点并向上移动，如图8-5所示。

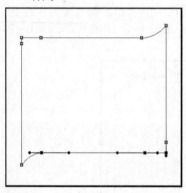

■ 图8-5

07 单击工具箱中的"删除锚点工具"按钮，将路径中左上角和右下角的锚点删除，如图8-6所示。

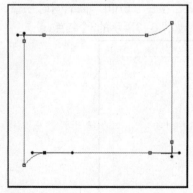

■ 图8-6

08 单击工具箱中的"转换点工具"按钮，对路径的锚点进行移动，移动后的效果如图8-7所示。

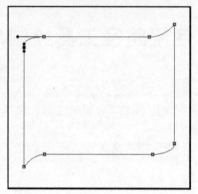

■ 图8-7

09 设置前景色为"R：50、G：170、B：110"，然后在"路径"面板中单击底部的"用前景色填充路径"按钮，即可对路径进行颜色填充，如图8-8所示。

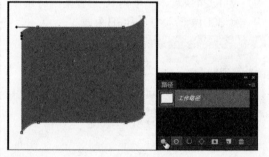

■ 图8-8

10 利用前面介绍的绘制路径的方法，再绘制一个小的路径形状，然后使用前景色"R：145、G：195、B：30"填充路径，如图8-9所示。

■ 图8-9

11 单击工具箱中的"文字工具"按钮 T，然后在图像中输入文本"茶叶"，并设置其字体为"华文彩云"、字号为48点、颜色为白色；输入"Liuan"文本，设置其字体为"Chiller"，字号为30点，颜色为白色；输入"六安"文本，设置其字体为"华文隶书"，字号为40点，颜色为"R：255、G：247、B：153"，得到的最终效果如图8-10所示。

◪ 图8-10

学一学 8.2 路径的基本概念 ≫

　　路径是一种矢量图形，用户可以对其进行精确定位和调整。利用路径能创建不规则的复杂的图像区域。

8.2.1 认识路径 ≫≫

　　路径类似于细线条绘制的图形，人们可以创建出精确的路径图形，以便在绘图过程中进行辅助设计，在作品完成后还可将路径隐藏。路径的基本组成元素包括锚点、直线段、曲线段、控制柄等，如图8-11所示。

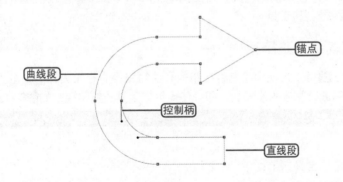

◪ 图8-11

- ◪ **锚点**：所有与路径相关的点称为锚点，它标记着组成路径的各线段的端点。
- ◪ **直线段**：使用钢笔工具在图像中单击两个不同的位置，将在两点之间创建一条直线段。若按住"Shift"键再建一个点，则新建的线段与以前的直线段成45°角。
- ◪ **曲线段**：拖动两个锚点形成两个平滑点，位于平滑点之间的线段就是曲线段。
- ◪ **控制柄**：当选择曲线段的一个锚点后，会在该锚点上显示其控制柄，拖动控制柄一端的圆点可修改该线段的形状和曲率。

　　路径可分为开放路径和闭合路径两种。其中，开放路径具有路径的起点和终点；闭合路径没有起点和终点，它是由多个路径线连接成的一个整体或由多个相互独立的路径组件组成。

8.2.2 认识"路径"面板 >>>

路径的新建、保存和复制等基本操作一般都是通过"路径"面板来实现的，单击"图层"面板组中的"路径"选项卡可打开"路径"面板，如8-12所示。

该面板中各选项的含义如下：

■图8-12

- ✎ **"用前景色填充路径"按钮◎**：单击该按钮，将使用前景色填充当前路径。

- ✎ **"用画笔描边路径"按钮◎**：单击该按钮，将用画笔工具和前景色为当前路径描边，或选择其他绘图工具对路径描边。

- ✎ **"将路径作为选区载入"按钮▦**：单击该按钮，可以将当前路径转换成选区，并可进一步对选区进行编辑。

- ✎ **"从选区生成工作路径"按钮▨**：单击该按钮，可以将当前选区转换成路径。

- ✎ **"添加蒙板"按钮▣**：单击该按钮，可以为当前路径添加蒙板。

- ✎ **"创建新路径"按钮▣**：单击该按钮，可以创建新路径。

- ✎ **"删除当前路径"按钮▣**：单击该按钮，可以删除当前选择的路径。

学一学 8.3 绘制路径 >>

在Photoshop CC中，使用钢笔工具、自由钢笔工具和形状工具可以创建路径，它们是绘制路径时最常使用的路径创建工具。

8.3.1 使用钢笔工具绘制路径 >>>

使用"钢笔工具" ✎可以方便地绘制直线路径和曲线路径。在工具箱中单击"钢笔工具"按钮✎，并在属性栏中进行相应的设置后，即可使用钢笔工具绘制路径，如图8-13所示。

| ✎ | 形状 ÷ | 填充： | 描边： | | W： 861.69 | H： 793.67 | | | ✿ | ✓自动添加/删除 | ✓对齐边缘 |

■图8-13

该属性栏中的各选项含义如下：

- ✎ **"形状"选项组** 形状 ÷ ：选择"形状" 形状 ÷ 选项，在图像窗口中绘制路径时，会用前景色或选项栏中设置的样式填充区域，并生成形状蒙版；若选择"路径" 路径 ÷ 选项，在图像窗口中绘制路径时，只生成路径，并在"路径"面板中显示工作路径；若选择"像素"选项 像素 ÷ ，则在图像窗口中绘制图像时，以前景色填充区域（只有在选择了形状工具组中的工具后，此选项才可用）。

- ✎ **"设置形状填充类型"按钮▢**：单击该色块，在图像窗口中绘制路径时，会用前景色或属性栏中设置的样式填充区域，并生成形状蒙版。

- ✎ **"设置形状描边类型"按钮▨**：单击该色块，在弹出的窗口中可对描边线颜色进行设置。

- ✎ **"路径操作"按钮▣**：单击该按钮可以对所绘路径进行设置。

- ✎ **"路径对齐方式"按钮▣**：单击该按钮可以对所绘路径的对齐方式进行设置。

- ✎ **"路径排列方式"按钮▣**：单击该按钮可对所绘路径的排列方式进行设置。

▨ **"自动添加/删除"复选框**：选中该复选框后，钢笔工具具有添加或删除锚点的功能。

使用"钢笔工具" 🖊绘制直线路径的方法比较简单，只须在图像窗口中多次单击鼠标，即可在各个单击处所建立的锚点间用直线连接，绘制直线路径，如图8-14所示。

使用"钢笔工具" 🖊还可以绘制曲线路径，只须在绘制路径时，按住鼠标左键不放进行拖动即可，如图8-15所示。

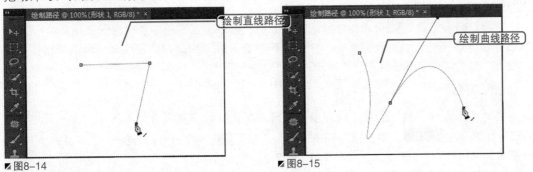

▨图8-14   ▨图8-15

提示

在使用"钢笔工具"绘制直线路径时，如果同时按住"Shift"键，可以创建水平、垂直或45°角的直线路径。如果对绘制的路径不满意，可以按"Backspace"键返回到上一个锚点。

8.3.2 使用自由钢笔工具绘制路径 »»

使用"自由钢笔工具" 🖊在图像窗口中拖动鼠标，即可绘制路径。"自由钢笔工具"和"钢笔工具"的工具属性栏大致相同，只是多了一个"磁性的"复选框。若选中"磁性的"复选框，在创建路径时会随着鼠标的移动产生一系列锚点。如图8-16与图8-17所示为选中"磁性的"复选框与不选中"磁性的"复选框的效果对比图。

   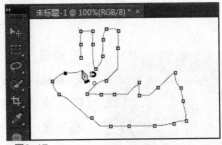

▨图8-16   ▨图8-17

8.3.3 使用形状工具组创建路径 »»

在工具箱中使用形状工具组，可以在图像中绘制出许多路径。形状工具组中包括矩形工具、圆角矩形工具、椭圆工具、多边形工具、直线工具及自定形状工具。

»» **矩形工具**

"矩形工具" ▢是用来绘制矩形或正方形路径的形状工具。单击工具箱中的"矩形工具"按钮▢，属性栏与"钢笔"工具基本一致，如图8-18所示。

▨图8-18

>>> **圆角矩形工具**

使用"圆角矩形工具" ▣ 可以绘制圆滑拐角的矩形。单击工具箱中的"圆角矩形工具"按钮▣，在显示的属性栏中增加了一个用于设置圆角矩形的"圆角弧度"的"半径"参数选项 半径：10像素 ，其中设置的半径值越大，圆角的弧度就越大。

>>> **椭圆工具**

使用"椭圆工具" ◯ 可以绘制椭圆或正圆形状。单击工具箱中的"椭圆工具"按钮◯，然后将鼠标指针移动到图像窗口上，按住鼠标左键不放并拖动，即可绘制出椭圆形状；按住"Shift"键的同时按下鼠标左键并拖动，则可绘制出正圆。

>>> **多边形工具**

使用"多边形工具" ◯ 可以绘制多种星形或多边形。在其属性栏中有一个用于设置多边形边数的数值框 边：5 ，单击属性栏中"工具"按钮✿，可打开设置框，如图8-19所示，其各项含义如下：

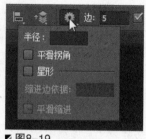

◪ **图8-19**

◪ **半径**：用于设置绘制出来的多边形的外接圆半径值。

◪ **平滑拐角**：勾选该复选框，可以使绘制的形状的尖角变成圆角。

◪ **星形**：勾选该复选框，可以绘制星形形状。

◪ **缩进边依据**：用于设置星形的缩进量。

◪ **平滑缩进**：勾选该复选框，可以使缩进的星形的边缘变得圆滑。

>>> **直线工具**

使用"直线工具" ╱ 可以绘制不同长度的直线或箭头的线段。在其属性栏的"粗细"文本框中可以设置线条的宽度，单击属性栏中的"工具"按钮✿，可打开设置框，如图8-20所示，其各项含义如下：

◪ **图8-20**

◪ **粗细**：该文本框用于设置直线的粗细宽度。

◪ **起点**：勾选该复选框，在线段的起点位置添加箭头。

◪ **终点**：勾选该复选框，在线段的终点位置添加箭头。

◪ **宽度**：用于设置箭头的宽度比例，其取值范围为10%~1000%。

◪ **长度**：用于设置箭头的长度比例，其取值范围为10%~5000%。

◪ **凹度**：用于设置箭头的凹陷程度，其取值范围为-50%~50%。

>>> **自定形状工具**

使用"自定形状工具" ✿ 可以用来绘制一些自定义形状或预设的形状。单击工具箱中的"自定形状工具"按钮✿，在显示的属性栏中单击"形状"右侧的下拉按钮，在弹出的下拉列表框中选择需要的形状，然后将鼠标指针移动到图像窗口，按住鼠标左键不放并拖动，完成后释放鼠标，即可绘制形状。

　　如果用户要添加其他预设的形状，可在"形状"下拉列表中单击右侧的 ✿ 按钮，在弹出的下拉列表中选择形状组名称，然后在弹出的提示框中单击"确定"或"追加"按钮即可，如图8-21所示。

■图8-21

8.3.4 调整路径形状 》》》

　　在Photoshop CC中，使用路径选择工具选择所需的路径后，可以对路径进行编辑和变换操作，对其形状进行修改。路径编辑工具主要包括添加锚点工具、删除锚点工具和转换点工具。

》》 选择路径

　　在编辑路径前，首先要对路径进行选择。单击工具箱中的"路径选择工具"按钮 ▸，然后将鼠标光标移动到图像窗口中单击路径，即可选择该路径。

　　单击工具箱中的"直接选择工具"按钮 ▸，可以选择路径中的锚点。

技巧

如果要同时选择多个路径，可以在单击"路径选择工具"按钮 ▸ 后，按住"Shift"键不放并同时单击多个路径图形，释放鼠标后，即可选择多个路径。

》》 添加与删除锚点

　　路径绘制完成后，用户可以使用路径编辑工具对路径中的锚点进行添加和删除操作，从而改变路径形状。

　　为路径添加锚点可以对路径进行细节调整，使曲线弧度变得更容易控制。添加锚点有以下两种方法。

▨　单击工具箱中的"添加锚点工具"按钮 ✍，将鼠标光标移动到要添加锚点的路径上，当光标呈 ▸ 显示时，单击鼠标左键，即可添加一个锚点，如图8-22所示。

▨　在路径上单击鼠标右键，在弹出的快捷菜单中选择"添加锚点"命令，即可添加一个锚点，如图8-23所示。

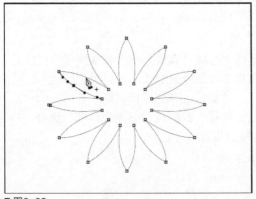

■图8-22

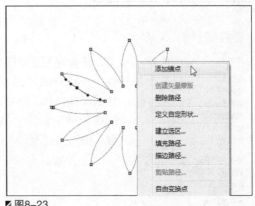

■图8-23

　　删除锚点工具主要用于删除不需要的锚点。删除锚点的方法与添加锚点类似，主要有以下两种：

▧　单击工具箱中的"删除锚点工具"按钮▨，将鼠标光标移动到要删除的锚点上，当光标呈▨显示时，单击鼠标左键即可删除该锚点，如图8-24和图8-25所示。

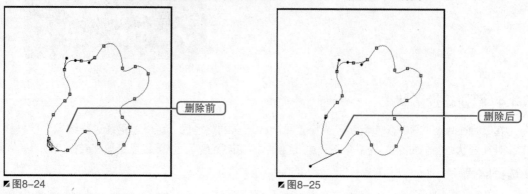

▧图8-24　　　　　　　　　　　　　　　　　　　　　▧图8-25

▧　在需要删除的锚点上单击鼠标右键，在弹出的快捷菜单中选择"删除锚点"命令，即可删除该锚点。

>>> **转换锚点**

　　"转换点工具" ▨通过转换锚点类型，可以使路径在平滑曲线和直线之间相互转换，也可以调整曲线的形状。在工具箱中单击"转换点工具"按钮▨，然后在转换为平滑点的锚点上按住鼠标左键不放并拖动，会出现锚点的控制柄，拖动控制柄，即可调整曲线的形状，如图8-26和图8-27所示。

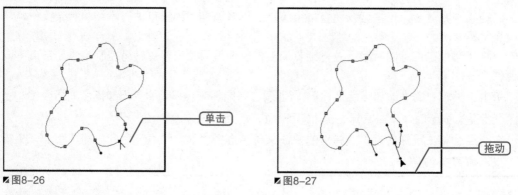

▧图8-26　　　　　　　　　　　　　　　　　　　　　▧图8-27

>>> **变换路径**

再次(A)	Shift+Ctrl+T
缩放(S)	
旋转(R)	
斜切(K)	
扭曲(D)	
透视(P)	
变形(W)	
旋转 180 度(1)	
旋转 90 度(顺时针)(9)	
旋转 90 度(逆时针)(0)	
水平翻转(H)	
垂直翻转(V)	

　　选择路径后，在菜单栏上选择"编辑"→"变换路径"命令，在打开的子菜单中选择变换路径的方式，即可实现路径形状的变换，如图8-28所示。在路径上单击鼠标右键，在弹出的快捷菜单中选择"自由变换路径"命令或按下"Ctrl+T"组合键，也可对路径进行自由变换操作。

▧图8-28

学一学 8.4 路径与选区的转换 >>

在Photoshop CC中,使用"路径"面板可以快速实现路径和选区之间的转换,下面进行详细讲解。

8.4.1 将选区转换为路径 >>

将选区转换为路径,可以对原有的选区形状进行修改,从而获得更精确的选区。在图像窗口中创建选区,然后在"路径"面板的底部单击"从选区产生工作路径"按钮,即可将选区转换为路径,如图8-29所示。

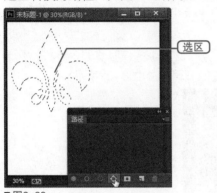
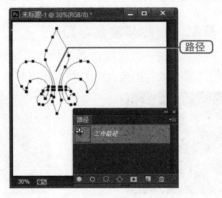

◢图8-29

8.4.2 将路径转换为选区 >>

在选择某些边缘较复杂的图像时,可先绘制路径,再将其作为选区载入。如在图像窗口中创建"图钉"路径后,单击"路径"面板中的"将路径作为选区载入"按钮,即可将路径作为选区载入,如图8-30所示。

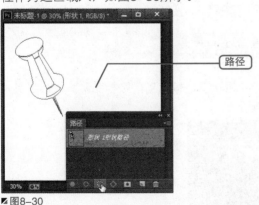
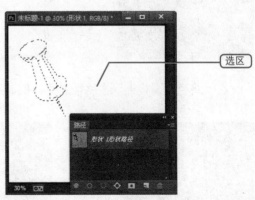

◢图8-30

学一学 8.5 路径的基本操作 >>

在Photoshop CC中,除了可以绘制与编辑路径外,还可以在"路径"面板中进行新建路径、复制路径、重命名路径和删除路径等操作。

8.5.1 新建路径 >>>

默认情况下，所有绘制的路径都处于同一路径层面中，为了方便路径的管理，可以通过新建路径的方法将不同的路径区分开来。新建路径的方法与新建图层的方法相似，只须在"路径"面板中单击"创建新路径"按钮 即可，如图8-31所示。

■ 图8-31

8.5.2 复制、删除与重命名路径 >>>

对于相同的路径，可采取复制的方式绘制。在"路径"面板中选择要复制的路径，然后按住鼠标左键不放并拖至其下面的"创建新路径"按钮 上即可，如图8-32所示。

■ 图8-32

对于不需要的路径，可以将其删除。在"路径"面板中选择需要删除的路径，单击"删除当前路径"按钮 ，然后在弹出的对话框中单击"确定"按钮即可，如图8-33所示。

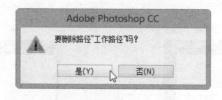

■ 图8-33

在"路径"面板上双击路径名称，使其呈可编辑状态，输入新的路径名称，然后在其他任意位置单击鼠标，即可重命名路径，如图8-34所示。

■ 图8-34

8.5.3 填充路径 >>>

填充路径是指将颜色或图案填充到路径内部的区域。填充路径是在"填充路径"对话框中完成的，选择形状工具的工具模式为路径，绘制路径，然后在"路径"面板中需要填充的路径上单击鼠标右键，在弹出的快捷菜单中选择"填充路径"命令，即可弹出"填充路径"

对话框，如图8-35所示。

该对话框中各选项的含义如下：

▨ **"使用"下拉列表框**：在其中可以选择填充的内容，包括前景色、背景色、自定义颜色和图案等。

▨ **"模式"下拉列表框**：在该下拉列表框中可以设置填充内容的混合模式。

▨ **"羽化半径"文本框**：用于设置填充后的羽化效果，数值越大，羽化效果越明显。

下面在图像文件中绘制路径，然后对路径进行填充，具体操作步骤如下：

▨图8-35

01 启动Photoshop CC，打开"小男孩.jpg"素材文件，如图8-36所示。

▨图8-36

02 单击工具箱中的"自定形状工具"按钮 ▨，在属性栏中选择工具属性为"路径"，单击"形状"下拉按钮，在弹出的下拉列表框中选择"爪印（猫）"选项，如图8-37所示。

▨图8-37

03 在图像文件中，按住鼠标左键绘制路径，如图8-38所示。

▨图8-38

04 打开"路径"面板，在路径上单击鼠标右键，在弹出的下拉菜单中选择"填充路径"选项，如图8-39所示。

▨图8-39

05 弹出"填充路径"对话框，在"使用"下拉列表框中选择"颜色"选项，如图8-40所示。

■图8-40

06 弹出"选择一种颜色"对话框,在对话框中选择填充颜色,然后单击"确定"按钮,如图8-41所示。

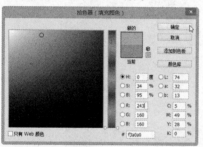

■图8-41

提示

单击"路径"面板中的"用前景色填充路径"按钮■,即可使用前景色快速填充路径。

8.5.4 描边路径 >>>

用户也可以使用画笔、铅笔、橡皮擦和图章等工具为路径描边,对路径进行美化,从而得到各种效果。描边路径的具体操作步骤如下:

01 启动Photoshop CC,打开"小女孩.jpg"素材文件,如图8-44所示。

■图8-44

07 返回"填充路径"对话框,单击"确定"按钮,即可对路径进行填充。调整后的效果如图8-42所示。

■图8-42

08 使用同样的方法,绘制并填充路径,最终效果如图8-43所示。

■图8-43

02 单击工具箱中的"自定形状工具"按钮■,在属性栏中选择工具属性为"路径",单击"形状"下拉按钮,在弹出的下拉列表框中选择"灯泡2"选项,如图8-45所示。

■图8-45

03 在图像文件中，按住鼠标左键绘制路径，如图8-46所示。

■ 图8-46

04 设置前景色，然后打开"路径"面板，在路径上单击鼠标右键，在弹出的下拉菜单中选择"描边路径"选项，如图8-47所示。

■ 图8-47

05 弹出"描边路径"对话框，在"工具"下拉列表框中选择描边工具，然后单击"确定"按钮，如图8-48所示。

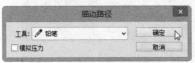

■ 图8-48

06 为路径进行描边后的最终效果如图8-49所示。

■ 图8-49

提示

在工具箱中选择描边路径的画笔、橡皮擦或图章等工具，再单击"路径"面板中的"用画笔描边路径"按钮■，可以对路径直接描边。

练一练 8.6 为照片添加炫彩效果>>

案例描述 知识要点 素材文件 操作步骤

下面结合本章所学知识，使用路径为照片添加炫彩效果，使读者巩固路径工具在Photoshop CC中的应用和操作技巧。

案例描述 **知识要点** 素材文件 操作步骤

✓ 绘制路径
✓ 填充路径
✓ 描边路径
✓ 使用图层样式

案例描述 知识要点 素材文件 **操作步骤**

01 单击"文件"→"打开"命令，打开"听音乐.jpg"图像文件，如图8-50所示。

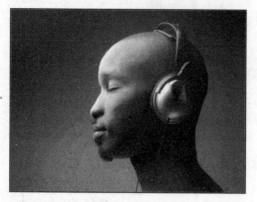

■图8-50

02 在"图层"面板中选择背景图层，按住鼠标左键，将其拖动到"创建新图层"按钮上，对背景图层进行复制，如图8-51所示。

■图8-51

03 选择复制后的"背景副本"图层，设置图层混合模式为"正片叠底"，如图8-52所示。

■图8-52

04 使用工具箱中的"钢笔工具" ✎ 和"转换点工具" ▶ 在图像窗口中绘制如图8-53所示的路径。

■图8-53

05 单击"路径"面板中的"创建新路径"按钮 ◻ 新建路径，然后在图像窗口中使用"钢笔工具"绘制路径，如图8-54所示。

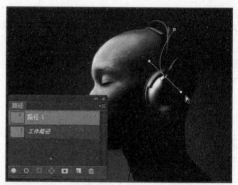

■图8-54

06 使用同样的方法，在图像窗口中绘制多条路径，并依次新建路径，如图8-55所示。

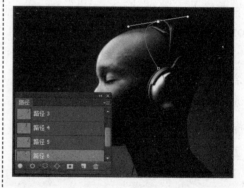

■图8-55

07 单击"图层"面板中的"创建新图层"按钮 ◻ ，新建一个图层，如图8-56所示。

图8-56

08 单击工具箱中的"画笔工具"按钮 ，在属性栏中设置"大小"为"5"像素，"硬度"为"0%" 设置"不透明度"为"30%"，如图8-57所示。

图8-57

09 在"路径"面板中任意一条路径上单击鼠标右键，在弹出的快捷菜单中选择"描边路径"命令，如图8-58所示。

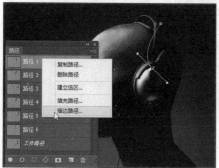

图8-58

10 弹出"描边路径"对话框，在"工具"下拉列表框中选择"画笔"选项，然后单击"确定"按钮，描边后的效果如图8-59所示。

图8-59

11 使用同样的方法，对绘制的每一条路径进行描边操作，效果如图8-60所示。

图8-60

12 按住"Ctrl"键的同时单击"图层1"，将图层1中的图像载入选区，如图8-61所示。

图8-61

13 单击工具箱中的"渐变工具"按钮，在属性栏中单击"点按可编辑渐变"下拉列表框，弹出"渐变编辑器"窗口。在预设选项栏中选择"色谱"选项，完成后单击"确定"按钮，如图8-62所示。

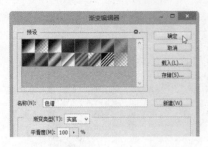

■ 图8-62

14 在图像窗口中按住鼠标左键进行拖动，对描边后的路径进行渐变填充，然后按下"Ctrl+D"组合键取消选区，如图8-63所示。

■ 图8-63

15 单击"图层"面板中的"创建新图层"按钮，新建"图层2"，如图8-64所示。

■ 图8-64

16 单击工具箱中的"自定形状工具"按钮 ，在其属性栏中选择工具模式为"形

状"，并在"形状"下拉列表框中选择"八分音符"选项，如图8-65所示。

■ 图8-65

17 设置前景色为白色，在图像窗口中按住鼠标进行拖动，绘制自定义形状，如图8-66所示。

■ 图8-66

18 使用工具箱中的"自定形状工具" ，在其属性栏的"形状"下拉列表框中选择"音乐"组中的其他音符选项，在图像中绘制形状，图像的最终效果如图8-67所示。

■ 图8-67

想一想 8.7 疑难解答 >>

问： 什么是工作路径？

答： 工作路径是一种临时性的路径，它主要体现在当创建新的工作路径时，现有的工作路径

会被删除，而系统不会做任何提示。

问：如何在路径中填充图案？

答：如果要在路径中填充图案，则在路径图层上单击鼠标右键，在弹出的快捷菜单中选择
"填充路径"命令，即可弹出"填充路径"对话框。在"使用"下拉列表框中选择"图
案"选项，然后在"自定图案"下拉列表框中选择需要的图案即可。

8.8 学习小结 >>

　　路径在Photoshop的使用中是一个难点操作，要想在Photoshop中绘制出一些自创的图
形，就需要使用路径工具来进行绘制。在绘制路径的过程中，还需要不断添加和移动锚点，
以获得需要的曲线样式。在绘制好路径后，即可将路径变换为选区，或者进行路径填充和路
径描边等，将路径变为图案。

第9章

通道和蒙版的应用

本章要点：
- ☑ 通道的应用
- ☑ 蒙版的应用

Chapter

学生：老师，我经常听到通道和蒙版，我对它们一无所知，您能给我详细讲讲吗？

老师：通道是图像颜色信息的存放地，可以利用通道来存储选区。蒙版是一种专用的选区处理工具，可以在进行图像处理时屏蔽和保护图像的区域不受编辑影响。

学生：那是不是图像中每一种颜色都存放于一个通道中，要想选取包含某种或多种颜色的图像区域，只需选中一个或多个通道就可以了？

老师：你的理解基本上是正确的，简单地说，通道就是选区。

通道和蒙版是创建选区和编辑局部图像效果时常用的工具。通道可以记录图像中的选区和颜色信息等内容，还可以建立精确的选区。蒙版可以使被选取或指定的区域不被编辑，能在编辑图像时起遮蔽作用，可用于抠图或合成效果。下面将对通道和蒙版的相关知识进行详细讲解。

试一试 9.1 使用通道轻松抠图 »

| 案例描述 | 知识要点 | 素材文件 | 操作步骤 |

在学习通道的运用之前，我们通常会使用套索工具、魔棒工具等进行抠图，但对于某些更为复杂的图像，例如头发、半透明的婚纱等，初学者就大伤脑筋了。本案例将介绍如何使用通道进行选区的创建，从而获取想要的图像区域。

| 案例描述 | 知识要点 | 素材文件 | 操作步骤 |

- ☑ 复制通道
- ☑ 编辑通道
- ☑ 创建选区
- ☑ 将选区复制为新图层

| 案例描述 | 知识要点 | 素材文件 | 操作步骤 |

01 启动Photoshop CC，打开"通道抠图.jpg"素材文件，如图9-1所示。

图9-1

02 选择"窗口"→"通道"菜单命令，打开"通道"面板，鼠标右键单击绿色通道，在弹出的快捷菜单中选择"复制通道"命令，如图9-2所示。

图9-2

03 在弹出的"复制通道"对话框中设置通道名称，单击"确定"按钮，然后在"通道"面板中单击选中新创建的"绿副本"通道，并隐藏其他4个通道的显示，如图9-3所示。

图9-3

04 按下"Ctrl+M"组合键，打开"曲线"对话框，将曲线调整为如图9-4所示的形状。

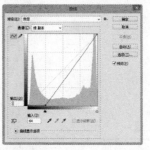

图9-4

05 完成后单击"确定"按钮，得到如图9-5所示的图像。

■ 图9-5

06 由于在通道中，白色代表选区，因此，执行"图像"→"调整"→"反相"菜单命令，将图像颜色反相，如图9-6所示。

■ 图9-6

07 选中工具栏中的"画笔工具" ，并设置前景色为白色，将人物内部需要保留的图像全部涂抹成白色，如图9-7所示。

■ 图9-7

08 在"通道"面板中单击"将通道作为选区载入"按钮 ，创建选区，如图9-8所示。

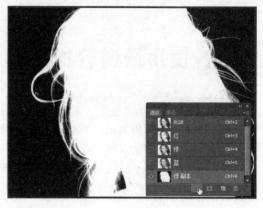

■ 图9-8

09 选中RGB通道，然后按下"Ctrl+J"组合键，将选区复制为新图层，如图9-9所示。

■ 图9-9

10 打开图层面板，隐藏背景图层的显示，即可看到被抠取出来的人物图像，如图9-10所示。

■ 图9-10

学一学 9.2 通道的应用 》

通道用于存储图像信息和选区信息，每幅图像都由多个颜色通道构成，每个颜色通道分别保存相应颜色的颜色信息。通道是选取图层中某部分图像的重要手段。

9.2.1 通道的相关知识 》》

在Photoshop CC中打开图像文件后，单击"窗口"→"通道"菜单命令，即可打开"通道"面板，如图9-11所示。

■ 图9-11

该面板中各选项的含义如下：

- "指示通道可见性图标" ◉：用于控制该通道中的内容是否在图像窗口中显示或隐藏。
- 通道名称：用于显示该通道的名称，其中Alpha通道可进行重命名操作。
- "将通道作为选区载入"按钮 ▦：单击该按钮，可将当前通道的图像转换为选区。
- "将选区存储为通道"按钮 ▣：单击该按钮，可将图像中的选区转换为一个遮罩，并将选区保存在新建的Alpha通道中。
- "创建新通道"按钮 ▤：单击该按钮，可创建一个新的Alpha通道。
- "删除通道"按钮 🗑：单击该按钮，可删除当前通道。

技巧

在菜单栏执行"窗口"→"通道"命令，也可以快速打开"通道"面板。

通道主要分为颜色通道、Alpha通道和专色通道。用户可以对通道进行明暗度的调整，从而制作出特殊的图像效果。

》》 颜色通道

颜色通道主要用于记录图像中颜色的分布信息，使用颜色通道可以方便地在颜色对比度较大的图像中选择选区。不同颜色模式的图像，其颜色通道不同，灰度模式只有一个颜色通道，RGB模式有RGB、红、绿和蓝4个颜色通道，CMYK模式有CMYK、青色、洋红、黄色和黑色5个颜色通道，如图9-12所示。

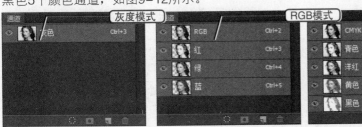

■ 图9-12

提示

RGB模式和CMYK模式中的RGB通道与CMYK通道是复合通道，是下方各颜色通道叠加后产生的效果。若隐藏其中任何一个通道，复合通道也将自动隐藏。

>>> **Alpha通道**

在"通道"面板中，新建的通道默认为Alpha *N*（*N*为自然数，按照创建顺序依次排列）通道，用于保存图像选区的蒙版，而不是保存图像的颜色，如图9-13所示。

■ 图9-13

>>> **专色通道**

在进行包含颜色较多的特殊印刷时，除了默认的颜色通道外，用户还可以创建专色通道，它用特殊的预混合油墨来替代或补充印刷色（CMYK）油墨，每一个专色通道都有相应的印版。

单击"通道"面板右上角的■按钮，在弹出的菜单中选择"新建专色通道"命令，打开"新建专色通道"对话框，设置参数后单击"确定"按钮，即可创建专色通道，如图9-14所示。

■ 图9-14

提示

专色通道常用于需要专色印刷的印刷品，由于使用CorelDRAW等图形软件也可以达到这一效果，所以专色通道的功能往往容易被人忽略。

9.2.2 创建通道 >> >

创建Alpha通道可以更加方便地编辑图像，创建通道的方法主要有以下两种：

■ 单击"通道"面板底部的"创建新通道"按钮■，新建一个Alpha通道，新建的Alpha通道在图像窗口显示为黑色，如图9-15所示。

■ 单击"通道"面板右上角的■按钮，在弹出的下拉菜单中选择"新建通道"命令，打开"新建通道"对话框，在打开的对话框中设置新通道的名称等参数后，单击"确定"按钮即可，如图9-16所示。

■ 图9-15

■ 图9-16

9.2.3 编辑通道 »»

创建好通道后，可以对通道进行编辑。可以通过编辑颜色通道改变图像的色调，还可以通过编辑选区通道制作出许多梦幻效果。用户可以使用绘图工具、修饰工具、色调命令和滤镜等对颜色通道进行编辑。

下面练习使用"亮度/对比度"命令调整图像的绿色通道，从而使图像的绿色调增加，具体操作步骤如下：

01 启动Photoshop CC，打开"玫瑰.jpg"素材文件。在"通道"面板中选择"绿"通道，如图9-17所示。

图9-18

图9-17

02 执行"图像"→"调整"→"亮度/对比度"菜单命令，在弹出的"亮度/对比度"对话框中，拖动"亮度"滑块至"70"，拖动"对比度"滑块至"100"，然后单击"确定"按钮，如图9-18所示。

03 单击"通道"面板中的RGB通道，将所有的颜色信息显示在文档窗口中，发现图像中绿色调增加，如图9-19所示。

图9-19

9.2.4 复制和删除通道 »»

当需要对通道中的选区进行编辑操作时，可以先将通道的内容进行复制，然后对复制得到的副本进行编辑，以免编辑通道后不能还原图像。

复制通道的方法和复制图层类似，主要有以下两种：

◪ 选择需要复制的通道，然后按住鼠标左键，将选择的通道拖动到"创建新通道"按钮■上，释放鼠标左键后，即可复制所选通道，如图9-20所示。

图9-20

◪ 单击"通道"面板右上角的■按钮，在弹出的下拉菜单中选择"复制通道"命令，打开"复制通道"对话框，在打开的对话框中设置新通道的名称等参数后，再单击"确定"按钮即可，如图9-21所示。

图9-21

删除通道是指在编辑完成后，删除不需要的Alpha通道，从而释放磁盘空间。删除通道的方法很简单，只需选中该通道，再按住鼠标左键，将其拖动到"删除通道"按钮 🗑 上，或单击"通道"面板右上角的 ☰ 按钮，在弹出的下拉菜单中选择"删除通道"命令即可。

9.2.5 分离和合并通道 >>>

为了便于编辑图像，有时需要将一个图像文件的各个通道分开，使其成为拥有独立文档窗口和通道面板的文件。用户可以根据需要对各个通道文件进行编辑，编辑完成后，再将通道文件合成到一个图像文件中，这即是通道的分离和合并。

下面练习将一个RGB颜色模式的图像文件进行分离，然后对分离后的其中一个通道对应的图像文档进行编辑，最后将分离的图像重新合成，具体操作步骤如下：

01 启动Photoshop CC，打开"羽毛.jpg"图像文件，在"通道"面板中查看图像文件的通道信息，如图9-22所示。

■ 图9-22

02 单击"通道"面板右上角的 ☰ 按钮，在弹出的下拉菜单中选择"分离通道"命令，如图9-23所示。

■ 图9-23

03 执行"分离通道"命令后，图像将分为3个重叠的灰色图像窗口，效果如图9-24所示。

■ 图9-24

04 单击工具箱中的"横排文字蒙版工具"按钮 █，在"红"通道所对应的文档窗口中创建文字选区"羽毛"，然后按下"Alt+Delete"组合键进行填充，如图9-25所示。

■ 图9-25

05 单击"通道"面板右上角的 ☰ 按钮，在弹出的下拉菜单中选择"合并通道"命令，如图9-26所示。

▪ 图9-26

▪ 图9-28

06 弹出"合并通道"对话框,在"模式"下拉列表框中选择"RGB颜色"选项,然后单击"确定"按钮,如图9-27所示。

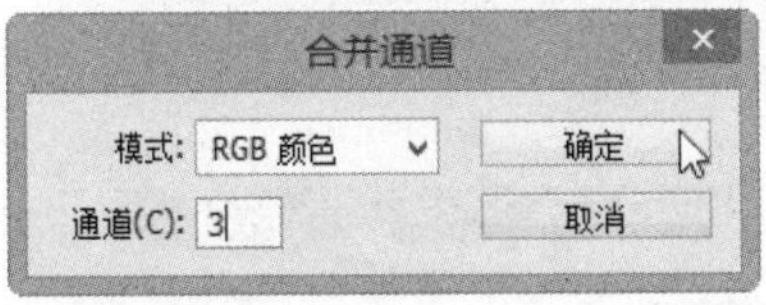

08 合并通道后的图像效果如图9-29所示。

▪ 图9-27

07 弹出"合并RGB通道"对话框,在"红色"、"绿色"和"蓝色"下拉列表框中分别指定分离出的文件,然后单击"确定"按钮,如图9-28所示。

▪ 图9-29

注意

当图像文件没有合并图层时,不能进行分离通道的操作。而如果没有打开所有分离出的图像文件,则合并后的图像文件将不是原颜色模式。

9.2.6 通道的存储和载入 >>>

通过存储选区能将选区图像存储到Alpha通道中,需要使用该选区时,即可从Alpha通道中将其载入,而不会影响图像的效果。

要在通道中载入选区,应先将选区存储在通道中。在图像窗口中创建选区后,执行"选择"→"存储选区"命令,弹出"存储选区"对话框,在其中进行参数设置后,单击"确定"按钮即可。

下面练习在打开的图像文件中创建选区,并将其存储为通道,具体操作步骤如下:

01 启动Photoshop CC,打开"铅笔.jpg"素材文件,如图9-30所示。

02 单击工具箱中的"魔棒工具"按钮🪄,在图像文件中的空白处单击,选中空白区域,如图9-31所示。

▪ 图9-30

▪ 图9-31

03 执行菜单栏中的"选择"→"反向"命令，将创建的选区反向，接着使用鼠标右键单击该选区，在弹出的快捷菜单中选择"存储选区"命令。如图9-32所示。

■ 图9-32

用户可以将图像文件中存储的选区在通道中进行载入，从而进行通道的相关操作。执行"选择"→"载入选区"命令，在弹出的"载入选区"对话框的"通道"下拉列表框中选择要载入的选区名称，然后单击"确定"按钮即可，如图9-34所示。

04 弹出"存储选区"对话框，在"名称"文本框中输入选区的名称，然后单击"确定"按钮即可，如图9-33所示。

■ 图9-33

■ 图9-34

9.2.7 通道运算 >>>

利用通道运算功能可以将一个图像或多个图像的两个独立的通道进行各种模式的混合，并将计算后的结果保存到一个新的图像或者新通道中，也可以直接将计算的结果转换成选区，便于在以后进行图像处理时直接使用。

通道运算是在"计算"对话框中完成的，打开两幅分辨率和尺寸相同的图像，然后执行"图像"→"计算"命令，即可弹出"计算"对话框，如图9-35所示。

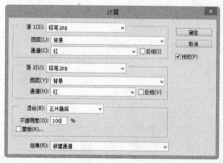

■ 图9-35

该对话框中各选项的含义如下：

■ **"源1"和"源2"下拉列表框**：分别在这两个下拉列表框中选择当前所打开的源文件。

■ **"图层"下拉列表框**：在该下拉列表框中选择要使用源文件的图层。

■ **"通道"下拉列表框**：在该下拉列表框中选择相应的通道。

■ **"混合"下拉列表框**：在该下拉列表框中选择选区合成模式进行计算。

■ **"不透明度"文本框**：用于设置混合时图像的不透明度。

■ **"蒙版"复选框**：选中该复选框，"计算"对话框中将出现蒙版设置选项，在其中可以选择蒙版文件、图层和通道。

■ **"结果"下拉列表框**：在该下拉列表框中选择运算后通道的显示方式。

下面练习使用"计算"命令，对两幅尺寸和分辨率相同的图像文件进行通道运算，具体操作步骤如下：

01 启动Photoshop CC，打开"柠檬.jpg"和"玫瑰.jpg"素材文件，如图9-36所示。

✐ 图9-36

02 执行"图像"→"计算"命令，弹出"计算"对话框。在"源1"下拉列表框中选择"柠檬.jpg"，在"图层"下拉列表框中选择"背景"选项，在"通道"下拉列表框中选择"红"选项，如图9-37所示。

✐ 图9-37

03 在"源2"下拉列表框中选择"玫瑰.jpg"，在"图层"下拉列表框中选择"背景"选项，在"通道"下拉列表框中选择"红"选项。设置"混合"模式为"正片叠底"，然后单击"确定"按钮，如图9-38所示。

✐ 图9-38

04 进行通道运算后，得到的图像效果如图9-39所示。

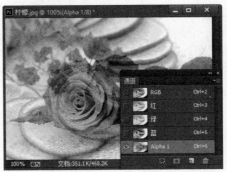

✐ 图9-39

9.3 蒙版的应用 >>

　　蒙版的功能很强大，主要用于隔离和保护图像中的某个区域，以及将部分图像进行透明和半透明的处理。对于许多新手来说，蒙版好像是很复杂的操作，其实蒙版的使用非常简单，下面对其进行详细讲解。

9.3.1 使用快速蒙版 >>

　　使用快速蒙版▣可以在图像上创建一个临时的蒙版效果，以方便编辑。在图像窗口中，它将作为带有可调整的不透明度的颜色叠加出现，用户可以使用任意一种工具编辑快速蒙版。

　　下面使用快速蒙版工具▣为人物的头发创建选区，具体操作步骤如下：

01 启动Photoshop CC，打开"女孩和猫.jpg"素材文件，如图9-40所示。

■ 图9-40

02 单击工具箱中的"以快速蒙版模式编辑"按钮▣，进入快速蒙版模式。单击工具箱中的"画笔工具"按钮✎，在属性栏中设置画笔大小和硬度，在人物的头发上拖动鼠标，使其被填充上半透明的红色，如图9-41所示。

■ 图9-41

03 再次单击工具箱中的"以快速蒙版模式编辑"按钮▣，退出快速蒙版模式，然后按下"Ctrl+Shift+I"组合键，完成人物头发的选择，如图9-42所示。

■ 图9-42

9.3.2　使用图层蒙版 ❯❯❯

　　图层蒙版存在于图层之上，使用图层蒙版，可以通过改变不同区域的黑白程度来控制图像所对应区域的隐藏或显示，从而使当前区域下的图层产生特殊的混合效果。

　　下面运用图层蒙版创建一幅混合图像，具体操作步骤如下：

01 启动Photoshop CC，打开"落叶.jpg"和"干裂的土地.jpg"素材文件，如图9-43和图9-44所示。

■ 图9-43

■ 图9-44

02 单击工具箱中的"移动工具"按钮，将"干裂的土地.jpg"移动到"落叶.jpg"图像窗口中，如图9-45所示。

◢ 图9-45

03 选中"图层1"，按下"Ctrl+T"组合键，显示出图像控制框，通过鼠标操作调整图像大小和位置，完成后按下"Enter"键确认，如图9-46所示。

◢ 图9-46

04 设置图层1的混合模式为"叠加"，单击"图层"面板底部的"添加图层蒙版"按钮，为图层1添加一个图层蒙版，如　图9-47所示。

◢ 图9-47

05 设置前景色为黑色，单击工具箱"画笔工具"按钮，在"画笔工具"属性栏中根据需要设置画笔大小，如图9-48所示。

◢ 图9-48

06 在图像窗口中按住鼠标左键进行拖动，在图层蒙版上树叶的位置画上黑色，从而隐藏图像中多余的干裂效果，如图9-49所示。

◢ 图9-49

07 最终得到的图像效果，如图9-50所示。

◢ 图9-50

9.3.3 使用剪贴蒙版 》》

　　剪贴蒙版是由图层转换而来的，即使用图层中的内容来覆盖它的上一个图层。剪贴蒙版与图层蒙版有些类似，但在图形与色块排列顺序上相反，剪贴蒙版是图形在上、色块在下，色块决定图像显示的区域。

　　下面练习创建剪贴蒙版，改变图像中文字图层的局部显示效果，具体操作步骤如下：

01 执行"文件"→"打开"命令，打开"眼影.jpg"素材文件，如图9-51所示。

■ 图9-51

02 单击工具箱中的"横排文字工具"按钮，在属性栏中设置"字体"为"Cooper Std"，字号为"60点"，然后在图像窗口中输入文字"EYE SHADOW"，如图9-52所示。

■ 图9-52

03 执行"执行"→"打开"命令，打开"彩条.jpg"素材文件，如图9-53所示。

■ 图9-53

04 单击工具箱中的"移动工具"按钮，将"彩条.jpg"移动到新建的图像窗口中，系统自动生成"图层1"，如图9-54所示。

■ 图9-54

05 在"图层"面板中选择"图层1"，执行"图层"→"创建剪贴蒙版"菜单命令，创建剪贴蒙版后的效果如图9-55所示。

■ 图9-55

> **提 示**
>
> 使用"移动工具"可以任意移动剪贴蒙版，从而改变图像的显示区域。

9.3.4 使用矢量蒙版 》》》

矢量蒙版与剪贴蒙版一样，用于显示某个图层的部分区域。但与剪贴蒙版不同的是，矢量蒙版是通过路径来进行辅助过滤的。

下面练习创建矢量蒙版，改变图像的局部显示效果，具体操作步骤如下：

01 单击"文件"→"打开"菜单命令，打开"立体字.jpg"素材文件，如图9-56所示。

◢ 图9-56

02 单击"魔棒工具"按钮 ，在图像窗口的空白处单击创建选区，如图9-57所示。

◢ 图9-57

03 按下"Ctrl+Shift+I"组合键反转选区，单击"路径"面板底部的"从选区生成工作路径"按钮 ，将选区转换为路径，如图9-58所示。

◢ 图9-58

04 执行"文件"→"打开"命令，打开"放射线.jpg"图像文件，使用"移动工具" 将其拖动到"立体字.jpg"图像窗口中，如图9-59所示。

◢ 图9-59

05 执行"图层"→"矢量蒙版"→"当前路径"菜单命令，将图层转换成矢量蒙版，如图9-60所示。

◢ 图9-60

06 在"图层"面板中，设置"图层1"的混合模式为"正片叠底"，图像的最终效果如图9-61所示。

◢ 图9-61

练一练 **9.4** 运用通道和蒙版制作合成照片 》

| 案例描述 | 知识要点 | 素材文件 | 操作步骤 |

  本章主要介绍通道与蒙版的相关知识，详细讲解如何使用通道与蒙版制作出特殊的图像效果。下面练习使用通道抠取人像，然后为照片作后期效果处理。

| 案例描述 | 知识要点 | 素材文件 | 操作步骤 |

◢ 使用通道抠图

◢ 使用图层蒙版

案例描述　知识要点　素材文件　**操作步骤**

01 启动Photoshop CC，打开"海边的女人.jpg"素材文件，如图9-62所示。

☑ 图9-62

02 打开"通道"面板，选择"蓝"通道，然后按住鼠标左键将通道拖动到"创建新通道"按钮 上进行复制，如图9-63所示。

☑ 图9-63

03 选择复制得到的通道，执行"图像"→"调整"→"色阶"命令，弹出"色阶"对话框，设置图像的输出色阶后，单击"确定"按钮，如图9-64所示。

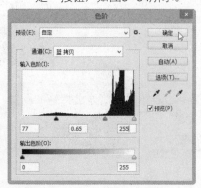

☑ 图9-64

提示

调整色阶时，要注意将色调反差调整到最大，这样才便于创建选区。

04 单击工具箱中的"磁性套索工具"按钮 ，沿着图像中的人物创建选区，如图9-65所示。

☑ 图9-65

05 按下"Alt+Delete"组合键，使用前景色将选区填充为黑色，如图9-66所示。

☑ 图9-66

06 按下"Ctrl+D"组合键取消选区，单击工具箱中的"画笔工具"按钮 ，将人物未被选择的区域涂抹成黑色，如图9-67所示。

☑ 图9-67

07 单击工具箱中的"魔棒工具"按钮 ✦，将图像中的人物创建为选区，如图9-68所示。

■ 图9-68

08 在"图层"面板中双击背景图层，在弹出的"新建图层"对话框中单击"确定"按钮，如图9-69所示。

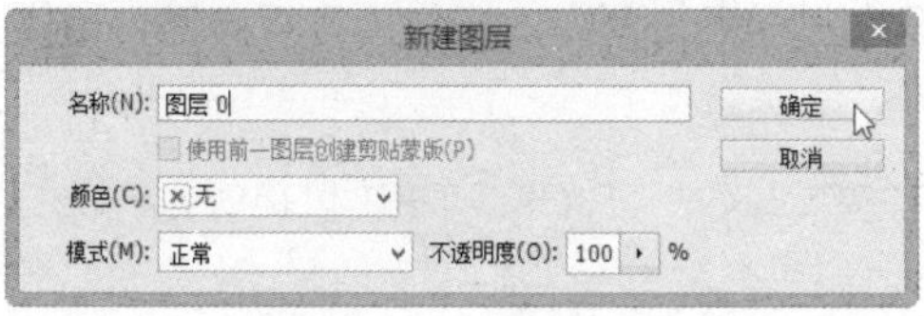

■ 图9-69

09 执行"选择"→"反相"命令，反相选区，然后按下"Delete"键删除选区，抠图得到的效果如图9-70所示。

■ 图9-70

10 执行"文件"→"打开"命令，打开"梦幻花朵.jpg"图像文件，如图9-71所示。

■ 图9-71

11 单击"移动工具"按钮 ▶✦，将抠出的人物拖动到图像窗口中，如图9-72所示。

■ 图9-72

12 选择人物图层，然后单击"添加矢量蒙版"按钮 ◉，为图层添加蒙版，如图9-73所示。

■ 图9-73

13 单击工具箱中的"渐变工具"按钮 ▣，在属性栏中设置渐变方式为"前景色到透明渐变"选项，如图9-74所示。

■ 图9-74

14 选择图层蒙版，在图像中按住鼠标左键
拖动，将人物融合到背景图层中，最终
效果如图9-75所示。

■ 图9-75

想一想 9.5 疑难解答 》

问： 在Photoshop CC中创建一个Alpha通道后，将文件保存为JPG格式后再打开图像，通道
就不见了，这是怎么回事？

答： 这是因为只有以支持图像颜色模式的格式（如PSD、PDF、PICF、TIFF或RAW）存储文
件，才能保留Alpha通道，以其他格式存储文件将导致通道信息丢失。

问： 在快速蒙版编辑模式下，怎样使用黑色和白色画笔调整蒙版范围？

答： 默认情况下，选区外的范围被50%的红色蒙版遮挡，这时通常使用绘图工具对蒙版范围
进行编辑。当前景色设置为白色时，使用画笔工具涂抹图像可以清除蒙版，使选区范围
扩大；当前景色设置为黑色时，使用画笔工具涂抹图像可以增加蒙版范围。

问： 在渐变填充图层蒙版时，图像中出现黑白渐变，而不是合成图像的效果，这是为什么
呢？

答： 这是因为你在使用渐变填充时选择的是图层，而不是图层蒙版。在"图层"面板中单击
"图层蒙版"缩略图，然后填充渐变色，即可实现合成图像的效果。

想一想 9.6 学习小结 》

　　本章学习了通道和蒙版的基础知识及应用技巧，熟练地使用通道和蒙版，可以帮助我们
更加方便地选取和编辑图像。需要特别注意的是，在通道中，白色代表选区，黑色代表非选
区，灰色代表半透明；而在快速蒙版中，白色同样代表选区，而红色代表非选区。

第10章

滤镜的运用

本章要点：
- ✓ 认识滤镜
- ✓ 使用滤镜制作特殊效果
- ✓ 滤镜库的运用

Chapter

学生：老师，我想给一幅图像添加金属效果，可是制作完成后我总觉得不是很逼真，应该怎么办呢？

老师：通过滤镜可以方便快捷地制作出许多神奇的特效，如金属效果、水波效果和玻璃效果等。每个滤镜都有自己的参数控制面板，用户只须对参数进行调整即可。

学生：太好了，学会了滤镜工具，制作特殊效果就太方便了。

老师：没错，下面就跟我一起学习吧。

Photoshop CC提供了丰富的内置滤镜，通过应用这些滤镜，可在原有图像的基础上制作出特殊的效果。滤镜是Photoshop CC中最重要的功能之一，本章将介绍滤镜的一些基本用法及设置方法。

试一试 10.1 使用滤镜制作火焰字 》

案例描述 知识要点 素材文件 操作步骤

本案例将制作火焰效果的文字，将会使用到风滤镜和波纹滤镜。通过本案例，读者可以对滤镜有一个初步的认识。

案例描述 **知识要点** 素材文件 操作步骤

☑ 输入文字

☑ 旋转画布

☑ 使用风滤镜

☑ 使用波纹滤镜

☑ 更改图像颜色模式

案例描述 知识要点 素材文件 **操作步骤**

01 启动Photoshop CC，选择"新建"→"文件"菜单命令，弹出"新建"对话框，新建一个大小为"500×300"像素的RGB图像，如图10-1所示。

■ 图10-1

02 设置背景色为黑色，然后按下"Ctrl+Delete"组合键，将背景填充为黑色，如图10-2所示。

■ 图10-2

03 设置前景色为白色，在工具箱中选中横排文字工具T，设置字体为"汉仪方隶简"，字号为"60点"，然后在图像中输入文本"火焰字"，如图10-3所示。

■ 图10-3

04 执行"图层"→"栅格化"→"文字"菜单命令，将文字栅格化。

05 执行"图像"→"图像旋转"→"90度（顺时针）"菜单命令，旋转画布，如图10-4所示。

■ 图10-4

06 执行"滤镜"→"风格化"→"风"
菜单命令，弹出"风"对话框，在
"方法"栏选择"风"单选项，在
"方向"栏选择"从左"单选项，完
成后单击"确定"按钮，如图10-5所
示。

■ 图10-5

07 执行"滤镜"→"风"菜单命令，重复
上一步操作，然后再执行该操作一次，
得到的效果如图10-6所示。

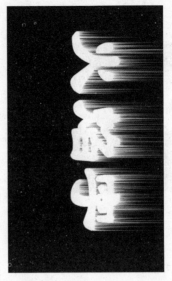

■ 图10-6

08 执行"图像"→"图像旋转"→"90度
（逆时针）"菜单命令，将画布还原，
如图10-7所示。

■ 图10-7

09 执行"滤镜"→"扭曲"→"波纹"菜
单命令，弹出"波纹"对话框，参数设
置如图10-8所示。

■ 图10-8

10 单击"确定"按钮，得到的效果如图
10-9所示。

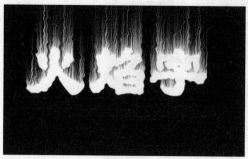

■ 图10-9

11 执行"图像"→"模式"→"灰度"
菜单命令，弹出提示对话框，单击"拼
合"按钮，如图10-10所示。

■ 图10-10

12 弹出"信息"对话框，单击"扔掉"按
钮，如图10-11所示。

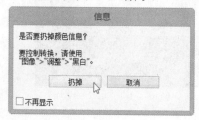

■ 图10-11

13 执行"图像"→"模式"→"索引颜
色"菜单命令。

14 执行"图像"→"模式"→"颜色表"
菜单命令，弹出"颜色表"对话框，在
"颜色表"下拉列表框中选择"黑体"
选项，然后单击"确定"按钮，如图
10-12所示。

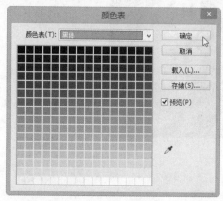

■ 图10-12

15 完成后的最终效果如图10-13所示。

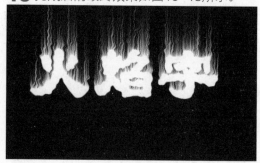

■ 图10-13

学一学 **10.2** 认识滤镜 ≫

滤镜被称为Photoshop图像处理的"灵魂"，使用滤镜可以轻松地为图像添加各种各样的
特殊效果。下面将详细介绍滤镜的作用、分类及基本使用方法等知识。

10.2.1 滤镜的分类 ≫≫≫

在Photoshop CC中，滤镜主要分为系统自带的内部滤镜和外挂滤镜两种：

◢ **内部滤镜**：内部滤镜是集成在Photoshop CC中的滤镜，其中，自定义滤镜的功能最为强
大。自定义滤镜位于滤镜菜单的"其他"滤镜组中，它允许用户定义个人滤镜，使用非
常方便。

◢ **外挂滤镜**：外挂滤镜需要用户进行安装，常见的外挂滤镜有KPT、Eye等，使用外挂滤镜
可以制作出更多的画面效果。

10.2.2　滤镜的作用范围 》》》

　　滤镜可以对图像中的像素进行分析，并进行色彩和亮度等参数的调节，从而完成部分或全部像素的属性参数的调节或控制，在图像处理过程中起着非常重要的作用。

　　滤镜命令只能作用于当前正在编辑的、可见的图层或图层中的选区，如果没有创建选区，系统会将整个图层视为当前选区。此外，用户也可对整幅图像应用滤镜，滤镜可以反复应用，但一次只能应用在一个图层上。

10.2.3　滤镜的使用方法 》》》

　　Photoshop中的滤镜数量繁多，其作用也各不相同，但滤镜的使用方法却大同小异。选择菜单栏上的"滤镜"命令，再选择其下拉菜单中的滤镜子命令，在弹出的对话框中设置滤镜参数，然后单击"确定"按钮即可。

》》**执行滤镜命令**

　　下面以设置拼贴效果为例，讲解滤镜的使用方法和操作步骤：

01 启动Photoshop CC，打开"首饰.jpg"素材文件，如图10-14所示。

◪ 图10-14

02 执行"滤镜"→"风格化"→"拼贴"菜单命令，弹出"拼贴"对话框。在"拼贴数"文本框中输入"20"，在"填充空白区域用"栏中选择"反向图像"单选按钮，然后单击"确定"按钮，如图10-15所示。

◪ 图10-15

03 单击"确定"按钮后，即可将滤镜效果应用到图像中，最终效果如图10-16所示。

◪ 图10-16

》》**重复滤镜效果**

　　当使用完一个滤镜命令后，最后一次使用的滤镜将出现在"滤镜"菜单的顶部，选择该命令或按下"Ctrl+F"组合键，将以上次设置的参数重复应用滤镜效果。按下"Ctrl+Alt+F"组合键，可以快速打开上次设置的滤镜对话框，在其中对滤镜参数重新进行设置。

》》**取消滤镜效果**

　　执行某个滤镜命令后，可以执行"编辑"→"渐隐"命令，在弹出的"渐隐"对话框中设置相关参数，如图10-17所示，将执行滤镜后的效果与原图像进行混合，以达到消退滤镜效果的目的。

◪ 图10-17

该对话框中各选项的含义如下：

▨ **"不透明度"文本框：**用于设置滤镜效果的强弱，值越大，滤镜的效果越明显。

▨ **"模式"下拉列表框：**用于设置滤镜色彩与原图色彩进行混合的模式。

▨ **"预览"复选框：**选中该复选框，当参数变化时，图像的效果也将同步改变。

10.3 使用滤镜制作特殊效果

通过滤镜可以对图像进行一些特效处理，如扭曲、模糊、艺术绘画和风格化等，从而使一张普通的图片变得绚丽多彩、妙趣横生。

10.3.1 使用像素化滤镜制作铜版画效果

像素化滤镜组中的滤镜主要通过将相似颜色值的像素转化成单元格，使颜色值相近的像素结成块，进行图像的分块或平面化处理，以制作出奇特的图像效果。

>>> **像素化滤镜的作用**

像素化滤镜组中包括7种不同的滤镜，分别以特殊的点、块对图像进行分割，使图像产生特殊效果。下面介绍像素化滤镜组中主要滤镜的作用：

▨ **彩块化：**在不改变原图像轮廓的情况下，通过分组和改变示例色素形成相似颜色的像素块，强调原色与相近颜色，以产生类似模糊的效果，如图10-18所示。

▨ **彩色半调：**模拟在图像的每个通道上应用半调网屏效果，如图10-19所示。

▨ 图10-18　　　　　　　　　　　　　　　▨ 图10-19

▨ **点状化：**将图像生成点状化的绘画效果，如图10-20所示。

▨ **晶格化：**使图像像素产生多边形块状效果，如图10-21所示。

▨ 图10-20　　　　　　　　　　　　　　　▨ 图10-21

▰ **马赛克**：产生与像素颜色相同的马赛克效果，如图10-22所示。

▰ **碎片**：将图像的像素复制4遍，然后将它们平均移位并降低不透明度，从而产生不聚焦效果，如图10-23所示。

 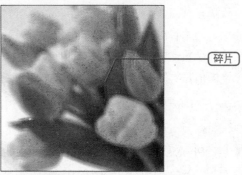

▰ 图10-22　　　　　　　　　　　　　　　　▰ 图10-23

▰ **铜版雕刻**：随机将图像转换为黑白区域的图案或彩色图像中完全饱和的颜色，即在图像中随机分布各种不规则的线条和斑点，产生镂刻的版画效果。

>> >> **像素化滤镜的使用**

下面练习使用像素化滤镜组中的铜版雕刻滤镜制作铜版画效果，具体操作步骤如下：

01 执行"文件"→"打开"命令，打开"玫瑰花.jpg"图像文件，如图10-24所示。

▰ 图10-24

02 执行"滤镜"→"像素化"→"铜版雕刻"命令，弹出"铜版雕刻"对话框，在"类型"下拉列表框中选择"短直线"选项，然后单击"确定"按钮，如图10-25所示。

▰ 图10-25

03 制作铜版画效果后的图像如图10-26所示。

▰ 图10-26

10.3.2　使用杂色滤镜将照片处理为陈旧的老照片　>> >>

杂色滤镜组主要用来向图像中添加杂点或去除图像中的杂点效果，执行"滤镜"→"杂色"命令，即可打开杂色滤镜组的子菜单。

>> >> **杂色滤镜的作用**

"杂色"子菜单中包括5种滤镜效果，其使用方法和像素化滤镜组的使用方法相似，下面将分别介绍该组滤镜：

- ☑ **减少杂色**：用于去除扫描的照片和数码相机拍摄的照片上产生的杂色。
- ☑ **蒙尘与划痕**：通过将图像中有缺陷的像素融入周围的像素，达到除尘和涂抹的效果，适用于处理扫描图像中的蒙尘和划痕。
- ☑ **去斑**：通过对图像或选区内的图像进行轻微的模糊、柔化，从而达到掩饰图像中细小斑点、消除轻微褶痕的作用。
- ☑ **添加杂色**：可以向图像中添加一些细小的颗粒状像素。常用于添加杂点纹理效果。
- ☑ **中间值**：可以采用杂点和其周围像素的折中颜色来平滑图像中的区域。

>>> 杂色滤镜的使用

下面练习使用杂色滤镜将照片处理为陈旧的老照片，具体操作步骤如下：

01 启动Photoshop CC，打开"麦田.jpg"素材文件，如图10-27所示。

☑ 图10-27

02 执行"图像"→"模式"→"灰度"命令，弹出"信息"对话框，单击"扔掉"按钮，将图像转为灰度模式，如图10-28所示。

☑ 图10-28

03 执行"图像"→"模式"→"RGB模式"命令，将图像转换成RGB模式。

04 执行"图像"→"调整"→"色相/饱和度"命令，弹出"色相/饱和度"对话框。勾选"着色"复选框，对图像的"色相"、"饱和度"和"明度"参数进行设置，然后单击"确定"按钮，如图10-29所示。

☑ 图10-29

05 单击"图层"面板中的"创建新图层"按钮█，然后将新图层填充为黑色，如图10-30所示。

☑ 图10-30

06 执行"滤镜"→"杂色"→"添加杂色"命令，弹出"添加杂色"对话框。在"数量"文本框中输入"60"，然后单击"确定"按钮，如图10-31所示。

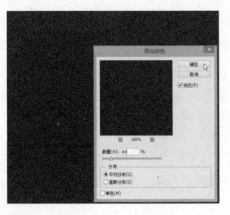

■ 图10-31

07 执行"图像"→"调整"→"阈值"命令，弹出"阈值"对话框。在"阈值色阶"文本框中输入"120"，然后单击"确定"按钮，如图10-32所示。

■ 图10-32

08 执行"滤镜"→"模糊"→"动感模糊"命令，弹出"动感模糊"对话框。设置角度为"90度"，距离为"999像素"，然后单击"确定"按钮，如图10-33所示。

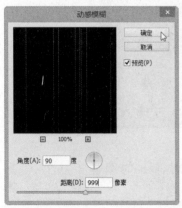

■ 图10-33

09 选择"图层1"，然后按下鼠标左键，将其拖动到"创建新图层"按钮■上，生成"图层1拷贝"，如图10-34所示。

■ 图10-34

10 选择"图层1拷贝"，执行"滤镜"→"杂色"→"添加杂色"命令，弹出"添加杂色"对话框。在"数量"文本框中输入"50"，然后单击"确定"按钮，如图10-35所示。

■ 图10-35

11 设置"图层1"和"图层1拷贝"的混合模式为"滤色"，图像的最终效果如图10-36所示。

■ 图10-36

10.3.3 使用模糊滤镜制作照片景深特效 >> >

模糊滤镜组主要用于对图像边缘过于清晰或对比度过于强烈的区域进行模糊，从而使相邻像素平滑过渡，产生柔和、模糊的效果。

>> >> **模糊滤镜的作用**

执行"滤镜"→"模糊"命令，在打开的模糊滤镜的子菜单中包括表面模糊、动感模糊和方框模糊等11种滤镜效果，下面将分别介绍这些常用滤镜：

- **表面模糊：** 在模糊图像时可保留图像边缘，用于创建特殊效果及去除杂点和颗粒。
- **动感模糊：** 可以模仿拍摄运动物体的手法，通过使像素进行某一方向上的线性位移来产生运动模糊效果。
- **方框模糊：** 以邻近像素颜色的平均值为基准模糊图像。
- **高斯模糊：** 根据高斯曲线对图像进行选择性模糊，产生强烈的模糊效果，是比较常用的模糊滤镜。
- **进一步模糊：** 可以使图像产生明显的模糊效果。
- **径向模糊：** 可以产生旋转模糊效果。
- **镜头模糊：** 可以模仿镜头的景深效果，对图像的部分区域进行模糊。
- **模糊：** 可以使图像产生轻微的模糊效果。
- **平均：** 可找出图像或选区的平均颜色，然后用该颜色填充图像或选区，以创建平滑的外观。
- **特殊模糊：** 找出图像的边缘及模糊边缘以内的区域，从而产生一种边界清晰、中心模糊的效果。
- **形状模糊：** 使用指定的形状作为模糊中心进行模糊。

>> >> **模糊滤镜的使用**

下面练习使用模糊滤镜制作照片的景深特效，具体操作步骤如下：

01 启动Photoshop CC，打开"欢跃.jpg"素材文件，如图10-37所示。

◪ 图10-37

02 选择"背景"图层，然后按住鼠标左键将其拖动到"创建新图层"按钮■上，复制背景图层，如图10-38所示。

◪ 图10-38

03 选择复制得到的图层，执行"滤镜"→"模糊"→"径向模糊"命令，弹出"径向模糊"对话框。在"数量"文本框中输入"30"，选择"模糊方法"为"缩放"，"品质"为"好"，然后单击"确定"按钮，如图10-39所示。

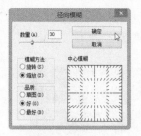

▨ 图10-39

04 选择复制得到的图层，在按住"Alt"键的同时单击"添加图层蒙版"按钮 🔳，为图层添加蒙版，如图10-40所示。

▨ 图10-40

技巧

按住"Alt"键的同时单击"添加图层蒙版"按钮 🔳，可以将新建的图层蒙版填充为黑色。

05 单击工具箱中的"画笔工具"按钮 🖌，并将前景色设置为白色，然后在需要具有动感效果的区域进行涂抹，图层动感效果就会逐渐显露出来，如图10-41所示。

▨ 图10-41

10.3.4 使用渲染滤镜制作电影胶片效果 »»»

渲染滤镜组可以模拟在不同的光源下，用不同的光线照明的效果。

»» **渲染滤镜的作用**

执行"滤镜"→"渲染"命令，在打开的"渲染"滤镜子菜单中包括分层云彩、光照效果和镜头光晕等5种滤镜效果，下面将分别进行介绍：

▨ **分层云彩**：滤镜的效果与原图像的颜色有关，是在图像中添加分层云彩效果。

▨ **光照效果**：设置光源、光色、物体的反射特性等内容，然后根据这些设定产生光照，并且模拟三维光照效果。

▨ **镜头光晕**：可以模拟强光照射的镜头眩光效果。

▨ **纤维**：可以根据当前的前景色和背景色生成类似纤维的纹理效果，纤维滤镜生成的纤维将完全覆盖原图像。

▨ **云彩**：可以在前景色和背景色间随机取样，将图像转换为柔和的云彩效果。

提示

"纤维"对话框中的"差异"值用于调整纤维颜色的变化，值越大，前景色和背景色分离越明显。

»» **渲染滤镜的使用**

下面练习使用渲染滤镜为照片添加艺术效果，具体操作步骤如下：

01 启动Photoshop CC，打开"人物头像.jpg"素材文件，如图10-42所示。

■ 图10-42

02 执行"图像"→"调整"→"色相/饱和度"命令，弹出"色相/饱和度"对话框，选中"着色"复选框，设置色相、饱和度和明度分别为"+30"、"+35"和"-20"，然后单击"确定"按钮，如图10-43所示。

■ 图10-43

03 调整色相和饱和度后，图像的效果如图10-44所示。

■ 图10-44

04 执行"滤镜"→"渲染"→"光照效果"命令，进入"光照效果"界面。在

预览框中按住鼠标左键调整光线的角度，调整完成后单击"确定"按钮，如图10-45所示。

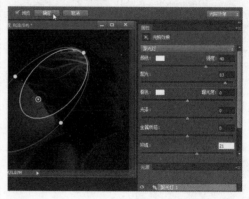

■ 图10-45

05 执行"滤镜"→"渲染"→"镜头光晕"命令，弹出"镜头光晕"对话框。设置亮度为"170"，并选择"35毫米聚焦"单选按钮，然后单击"确定"按钮，如图10-46所示。

■ 图10-46

06 为照片添加渲染滤镜后的效果如图10-47所示。

■ 图10-47

10.3.5 使用锐化滤镜增加照片的清晰度 »»»

锐化滤镜主要通过增强图像中相邻像素之间的对比度来使图像轮廓清晰，减弱图像的模糊程度。

»» **锐化滤镜的作用**

执行"滤镜"→"锐化"命令，打开"锐化"子菜单，其中包括USM锐化、进一步锐化、锐化、锐化边缘和智能锐化5个滤镜，下面分别进行介绍：

▰ **USM锐化**：可以在图像边缘的两侧分别制作一条明线或暗线来调整边缘细节的对比度，使图像边缘轮廓更清晰。

▰ **进一步锐化**：与锐化滤镜作用相似，只是锐化效果更加强烈。

▰ **锐化**：可以增加图像像素之间的对比度，使图像更清晰。

▰ **锐化边缘**：用于锐化图像的边缘，使不同颜色之间的边界更加明显。

▰ **智能锐化**：可设置锐化算法或控制在阴影和高光区域中进行的锐化量，以获得更好的边缘检测并减少锐化晕圈。

»» **锐化滤镜的使用**

下面练习使用锐化滤镜增加照片的清晰度，具体操作步骤如下：

01 启动Photoshop CC，打开"滑板.jpg"素材文件，发现该图像比较模糊，如图10-48所示。

▰ 图10-48

02 执行"滤镜"→"锐化"→"USM锐化"命令，弹出"USM锐化"对话框。在"数量"文本框中输入"450"，在"半径"文本框中输入"1.2"，在"阈值"文本框中输入"1"，然后单击"确定"按钮，如图10-49所示。

▰ 图10-49

03 对照片使用锐化滤镜后，图像变得更加清晰，效果如图10-50所示。

▰ 图10-50

10

10.3.6 使用消失点功能处理透视图像 »»

　　使用消失点滤镜在选定的图像区域内进行复制、喷绘、粘贴图像等操作时，操作对象会根据选定区域内的透视关系按照一定的角度和比例自动进行调整，可节约精确设计和修饰照片所需的时间。

　　在菜单栏执行"滤镜"→"消失点"命令，即可弹出"消失点"对话框，如图10-51所示。

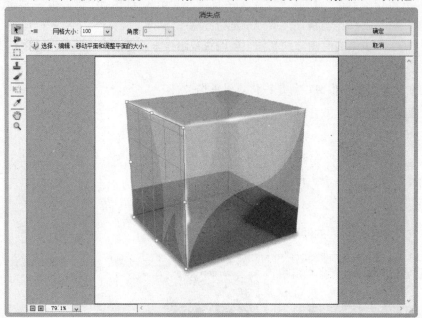

■ 图10-51

　　其中各参数的含义如下：

◪　**"编辑平面工具"按钮** ：单击该按钮，可以选择和移动透视网格。

◪　**"创建平面工具"按钮** ：单击该按钮，可以对绘制的透视网格进行选择、编辑、移动和调整大小等操作。

◪　**"选框工具"按钮** ：单击该按钮，可以在透视网格内绘制选区。按住"Alt"键的同时拖动选区可以创建选区副本；按住"Ctrl"键的同时拖动选区，则可以使用源图像填充选区。

◪　**"图章工具"按钮** ：单击该按钮，在透视网格中按住"Alt"键的同时定义一个源图像，然后在需要的位置进行涂抹，即可复制图像。

◪　**"画笔工具"按钮** ：单击该按钮，可以在透视网格中进行绘图操作。

◪　**"变换工具"按钮** ：单击该按钮，可以在复制图像时，对图像进行缩放、水平翻转和垂直翻转等操作。

◪　**"吸管工具"按钮** ：单击该按钮后在图像中单击，可以吸取绘图时所用的颜色。

◪　**"手抓工具"按钮** ：单击该按钮，可以拖动预览窗口中的图像。

◪　**"缩放工具"按钮** ：单击该按钮后，在预览窗口中单击，可以放大图像；按住"Alt"键后在预览窗口中单击，可以缩小图像。

　　下面使用消失点滤镜为立方体添加漂亮的外衣，具体操作步骤如下：

01 启动Photoshop CC，打开"蝴蝶.jpg"素材文件，然后按下"Ctrl+A"组合键选中图像文件，此时图像周围出现虚线框，然后按下"Ctrl+C"组合键，复制图像，如图10-52所示。

■ 图10-52

02 执行"文件"→"打开"命令，打开"立方体.jpg"图像文件，如图10-53所示。

■ 图10-53

03 选择"滤镜"→"消失点"命令，弹出"消失点"对话框。单击"创建平面工具"按钮，在立方体上创建平面，如图10-54所示。

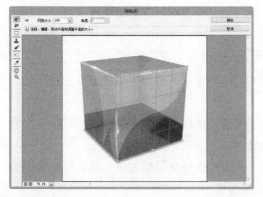

■ 图10-54

04 单击"编辑平面工具"按钮，对创建好的网格进行编辑，如图10-55所示。

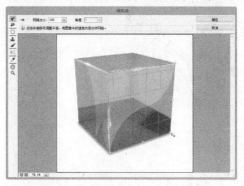

■ 图10-55

05 按下"Ctrl+V"组合键，将复制的图像粘贴到编辑区，然后按住鼠标不放拖动图像，将其移动到立方体的适当位置，如图10-56所示。

■ 图10-56

06 重复上述步骤，继续粘贴图像，并将其移动到立方体上的适当位置，粘贴完成后单击"确定"按钮，如图10-57所示。

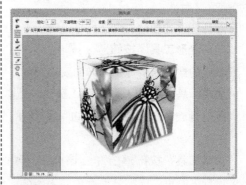

■ 图10-57

07 应用消失点滤镜后，图像的最终效果如图10-58所示。

提 示

在Photoshop CC中可以连续创建平面，在第一次创建的平面边缘的中间控制点处按住鼠标不放进行拖动即可。此外，在"消失点"对话框中，还可在图像上创建选区并为选区填充颜色。

◤ 图10-58

10.3.7 使用液化滤镜为人物瘦脸 》》

使用液化滤镜，可以对图像的任何区域进行变形，从而制作出特殊的效果。在菜单栏执行"滤镜"→"液化"命令，即可弹出"液化"对话框，如图10-59所示。

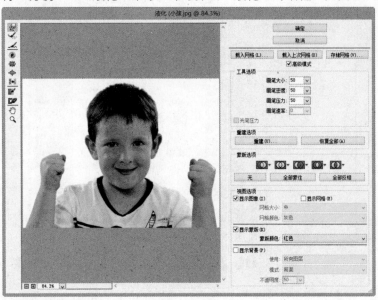

◤ 图10-59

该对话框中各参数的含义如下：

◤ **"向前变形工具"按钮** ：单击该按钮，然后在预览框中单击并拖动鼠标指针，可以使图像中的像素随鼠标拖动方向变形移动。

◤ **"重建工具"按钮** ：单击该按钮，可以完全或局部恢复修改的内容。

◤ **"顺时针旋转扭曲工具"按钮** ：单击该按钮，然后在预览窗口中按住鼠标左键不放，可以使图像按顺时针方向旋转。

◤ **"褶皱工具"按钮** ：单击该按钮，然后在预览窗口中按住鼠标左键不放，可以使图像像素向中心点收缩，从而产生向内压缩变形的效果。

◤ **"膨胀工具"按钮** ：单击该按钮，然后在预览窗口中按住鼠标左键不放，可以使图像像素背离操作中心点，从而产生向外膨胀放大的效果。

◤ **"左推工具"按钮** ：单击该按钮，然后在预览窗口中进行拖动，可以移动和描边垂直方向上的像素，使像素向左移动。如果按住"Alt"键，则使像素向右移动。

▨ **"径向工具"按钮**🖾：单击该按钮，然后在预览窗口中拖动鼠标，可以复制图像并使复制后的图像产生与原图对称的效果。

▨ **"湍流工具"按钮**🌊：单击该按钮，然后在预览窗口中拖动鼠标，可以产生平滑的拼凑效果。

▨ **"冻结蒙版工具"按钮**🖻：单击该按钮，可以在预览窗口中创建蒙版，使蒙版区域冻结，不受编辑的影响。

▨ **"解冻蒙版工具"按钮**🖻：单击该按钮，然后在预览窗口中拖动，可以解除冻结的区域。

下面练习使用液化滤镜为人物瘦脸，具体操作步骤如下：

01 启动Photoshop CC，打开"小孩.jpg"素材文件，如图10-60所示。

▨ 图10-60

02 执行"滤镜"→"液化"命令，弹出"液化"对话框。单击"向前变形工具"按钮🖉，然后在右侧的"工具选项"栏中设置画笔大小为"50"，画笔密度为"52"，画笔压力为"50"，如图10-61所示。

▨ 图10-61

03 在图像预览窗口中，按住鼠标左键进行拖动，对人物的面部进行液化操作，操作完成后单击"确定"按钮即可，如图10-62所示。

▨ 图10-62

10.3.8 使用镜头校正滤镜纠正数码照片 ▷▷▷

使用镜头校正滤镜，可以校正因使用普通数码相机拍摄而引起的图像变形失真的问题，如枕形失真、晕影或色彩失常等。在菜单栏执行"滤镜"→"镜头校正"命令，即可弹出"镜头校正"对话框，如图10-63所示。

图10-63

该对话框中各参数的含义如下：

"移去扭曲工具"按钮 ：单击该按钮，然后在预览窗口中进行拖动，可以校正镜头桶形或枕形失真。

"拉直工具"按钮 ：单击该按钮，然后在预览窗口中拖动直线，可以校正歪斜的图像。

"移动网格工具"按钮 ：单击该按钮，可以在预览窗口中移动网格以将其与图像对齐。

提示

在"镜头校正"对话框的"自动校正"选项卡中，用户可以通过选择"相机制造商"、"相机型号"及"镜头型号"等参数对照片进行自动校正。

下面练习使用镜头校正滤镜校正照片中的失真和色彩失常等问题，具体操作步骤如下：

01 启动Photoshop CC，打开"杜鹃花.jpg"素材文件，照片有失真和色彩失常等问题，如图10-64所示。

图10-64

02 执行"滤镜"→"镜头校正"命令，弹出"镜头校正"对话框，单击切换到"自定"选项卡，如图10-65所示。

图10-65

03 向右拖动"移去扭曲"滑块至"+8.00"，向右拖动"修复红/青边"滑块至"+50.00"，向左拖动"修复蓝/黄边"滑块至"-50.00"，然后单击"确定"按钮，如图10-66所示。

▪ 图10-66

04 进行镜头校正后的图像效果如图10-67所示。

▪ 图10-67

学一学 10.4 滤镜库的运用 ≫

滤镜库在图像的处理过程中起着举足轻重的地位。通过前面的学习，大家已经对滤镜的基础知识有了一定的了解。下面将进一步介绍滤镜库，以及使用滤镜库为图像应用滤镜效果。Photoshop CC软件提供了风格化、画笔描边、扭曲、素描、纹理及艺术效果等6组滤镜。

10.4.1 滤镜库的使用方法 ≫≫

使用滤镜库为图像添加滤镜，不仅可以实时预览图像的效果，还可以在操作过程中为图像添加多种滤镜。滤镜库主要为应用高级滤镜而设置，下面先介绍滤镜库的一些相关知识。

执行"滤镜"→"滤镜库"命令，即可打开"滤镜库"对话框，在其中选择某一个具体的滤镜之后，对话框将显示该滤镜的相关内容，如图10-68所示。

▪ 图10-68

该对话框中各参数的含义如下：

▪ **预览框：** 可预览图像的变化效果，单击底部的□或⊞按钮，可以缩小或放大预览框中的图像。

◢ **滤镜面板**：提供了多种滤镜供选择。

◢ **参数设置区**：在该区中可以设置应用滤镜时的各种参数。

◢ **滤镜列表**：用来显示对图像加载的滤镜选项，其设置方法与图层面板相似。

提 示

滤镜组中的滤镜并没有全部集合于滤镜面板中，下面在介绍滤镜组时会用到其他滤镜的相关对话框。

在滤镜面板中单击滤镜名称按钮，如单击"艺术效果"按钮，可以展开该组滤镜，其中显示了常用的滤镜缩略图，单击滤镜缩略图后，即可将使用该滤镜后的图像效果显示在左侧的预览框中。在对话框右侧的参数设置区中可以设置所需的参数，如果需要同时使用多个滤镜命令，可单击对话框右下角的"新建效果图层"按钮 ⬜，在原效果图层上再新建一个效果图层，选择相应的滤镜命令后还可应用其他滤镜效果，从而实现多个滤镜的叠加效果，完成设置后单击"确定"按钮，即可应用滤镜效果。

注 意

在应用滤镜时通常会占用很多内存空间，特别是图像的分辨率较高时，计算机运行速度会相应变慢，因此对于不需要打印输出的图像，可设置较小的分辨率。

10.4.2 使用风格化滤镜快速调整照片色调 》》》

风格化滤镜组主要是通过移动、置换或拼贴图像的像素并提高图像像素的对比度来产生特殊效果。

》》》 **风格化滤镜的作用**

在菜单栏执行"滤镜"→"风格化"命令，打开"风格化"子菜单，其中包含查找边缘、等高线、风和浮雕效果等9种滤镜命令，下面分别介绍风格化滤镜组中各滤镜的作用：

◢ **查找边缘**：可以查找图像中主色块颜色变化的区域，并将查找到的边缘轮廓描边，使图像看起来像用笔刷勾勒的轮廓，如图10-69所示。

◢ **等高线**：可以沿图像的亮部区域和暗部区域的边界绘制颜色比较浅的线条效果，如图10-70所示。

◢ 图10-69

◢ 图10-70

◢ **风**：可以将图像的边缘进行位移，产生 种类似风吹的效果，在其对话框中可设置风吹效果样式及风吹方向，如图10-71所示。

◢ **浮雕效果**：可以勾画出图像中颜色差异较大的边界，并降低周围的颜色值，生成浮雕效果，如图10-72所示。

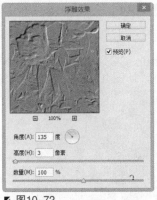

图10-71　　　　　　　　　　　　　　　　图10-72

■ **扩散**：可以使图像产生像透过磨砂玻璃一样的模糊效果，如图10-73所示。

■ **拼贴**：可根据对话框中设定的值将图像分成小块，产生整幅图像画在瓷砖上的效果。

■ **曝光过度**：混合负片和正片图像，类似于显影过程中将摄影照片短暂曝光，如图10-74所示。

图10-73

图10-74

■ **凸出**：可以将图像分成数量不等但大小相同并有机叠放的立体方块。

■ **照亮边缘**：可以将图像边缘轮廓照亮，从而达到发光效果，如图10-75所示。

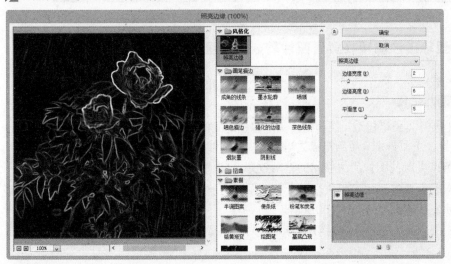

图10-75

>>> **风格化滤镜的使用**

下面练习使用风格化滤镜调整图像的色调，具体操作步骤如下：

01 启动Photoshop CC，打开"海边的女人"素材文件，如图10-76所示。

■ 图10-76

02 打开"通道"面板，单击选择"蓝"通道，如图10-77所示。

■ 图10-77

03 执行"滤镜"→"风格化"→"曝光过度"命令，"蓝"通道的变化图如图10-78所示。

■ 图10-78

04 单击"RGB"通道，使通道完全显示，最终效果如图10-79所示。

■ 图10-79

10.4.3 使用画笔描边滤镜将实景照片转成水墨画 >>>

画笔描边滤镜组用于模拟各种画笔笔触或油墨效果，使图像产生手绘效果。

>>> **画笔描边滤镜的作用**

在滤镜库中展开"画笔描边"滤镜组，其中包括成角的线条、墨水轮廓、喷溅和强化的边缘等8种滤镜效果，下面分别介绍画笔描边滤镜组中各滤镜的作用：

■ **成角的线条：** 可以使图像产生倾斜的笔触效果。在"成角的线条"对话框中，"方向平衡"选项用于设置笔触的倾斜方向，"线条长度"选项用于控制勾绘笔画的长度，该值越大，笔触线条越长，如图10-80所示。

■ **墨水轮廓：** 可在图像的颜色边界处模拟油墨绘制图像轮廓，从而产生钢笔油墨风格效果，如图10-81所示。

■ 图10-80

■ 图10-81

■ **喷溅：** 可以使图像产生类似笔墨喷溅的效果。在其参数对话框中可设置喷溅的范围、喷溅效果的轻重程度等。

■ **喷色描边：** 喷色描边滤镜和喷溅滤镜效果相似，不同的是，它还能产生斜纹飞溅效果。在其参数对话框中可设置喷色描边笔触的长度和飞溅的半径。

■ **强化的边缘：** 可以对图像的边缘进行强化处理。设置高的边缘亮度控制值时，强化效果类似白色粉笔；设置低的边缘亮度控制值时，强化效果类似黑色油墨。

■ **深色线条：** 使用黑色线条来绘制图像中的暗部区域，用白色线条来绘制图像中的明亮区域，从而产生一种很强的黑色阴影效果。

■ **烟灰墨：** 可以产生类似用黑色墨水在纸上进行绘制的柔化模糊边缘效果。在"烟灰墨"对话框中，"对比度"文本框用于控制图像烟灰墨效果的程度，该值越大，效果越明显。

■ **阴影线：** 使用模拟的铅笔阴影线添加纹理，可以将图像以交叉网状的笔触来显示，其用法和效果跟成角的线条滤镜相似。

>> >> ■ **画笔描边滤镜的使用**

下面练习使用画笔描边滤镜将实景照片转成水墨画，具体操作步骤如下：

01 启动Photoshop CC，打开"荷花.jpg"素材文件，如图10-82所示。

■ 图10-82

02 选择背景图层，然后按住鼠标左键将背景图层拖动到"创建新图层"按钮 ■ 上进行复制，如图10-83所示。

■ 图10-83

03 选择复制得到的图层，然后执行"图像"→"调整"→"去色"命令，去掉图像文件的颜色，如图10-84所示。

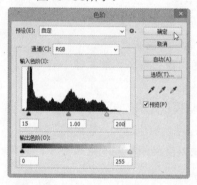
■图10-84

■图10-87

04 执行"图像"→"调整"→"色阶"命令，弹出"色阶"对话框。在对话框中拖动滑块调整图像的色阶，增加图像的黑白对比，然后单击"确定"按钮，如图10-85所示。

07 打开滤镜库，选择"画笔描边"→"喷溅"滤镜。在右侧的"喷溅"栏中设置喷色半径为"1"，平滑度为"3"，然后单击"确定"按钮，如图10-88所示。

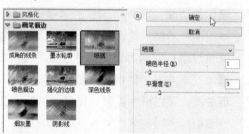
■图10-88

08 在"图层"面板中单击"创建新图层"按钮，新建"图层1"，然后设置图层的混合模式为"颜色"，如图10-89所示。

■图10-85

05 执行"图像"→"调整"→"反相"命令，将图像反相显示，如图10-86所示。

■图10-86

■图10-89

06 选择"滤镜"→"模糊"→"高斯模糊"命令，弹出"高斯模糊"对话框。设置半径为"1.0"，然后单击"确定"按钮，如图10-87所示。

09 单击工具箱中的"设置前景色"色块，在弹出的"拾色器（前景色）"对话框中，设置颜色为"R：244、G：80、B：204"，然后单击"确定"按钮，如图10-90所示。

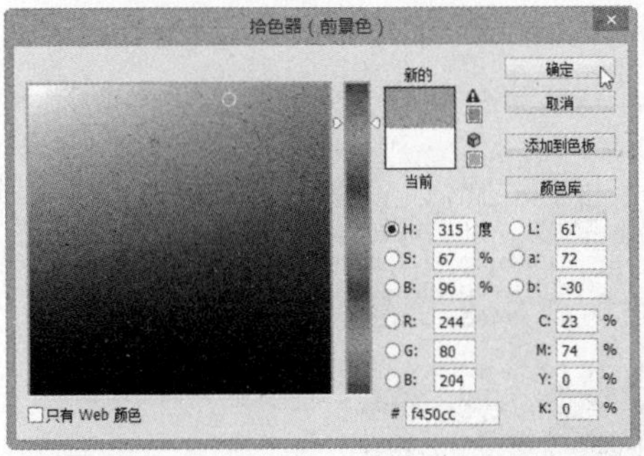

图10-90

10 单击工具箱中的"画笔工具"按钮，在新建的图层中给荷花涂上颜色，最终效果如图10-91所示。

图10-91

10.4.4　使用扭曲滤镜制作抽丝效果 »›

扭曲滤镜主要用于对平面图像进行扭曲，使其产生旋转、挤压和水波纹等变形效果。

»»　**扭曲滤镜的作用**

执行"滤镜"→"扭曲"命令，打开"扭曲"子菜单，其中包括波浪、波纹、玻璃和海洋波纹等9种滤镜效果，下面分别介绍扭曲滤镜组中滤镜的作用。

　　波浪：可以根据设定的波长和波幅产生波浪效果，如图10-92所示。

　　波纹：可以根据设定的参数产生不同的波纹效果，如图10-93所示。

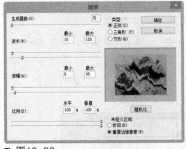

图10-92

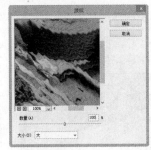

图10-93

　　极坐标：可以将图像从直角坐标系转换为极坐标系，或从极坐标系转换为直角坐标系，产生极端变形效果，如图10-94所示。

　　挤压：可以使全部图像或选区图像产生向外或向内挤压的变形效果，如图10-95所示。

图10-94

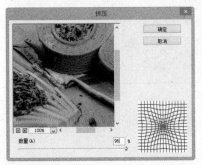

图10-95

■ **切变**：可以在垂直方向上按设置的弯曲路径来扭曲图像，如图10-96所示。

■ **球面化**：可以模拟将图像扭曲、伸展来适合球面，从而产生球面化效果，如图10-97所示。

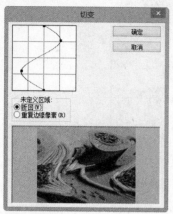

■ 图10-96

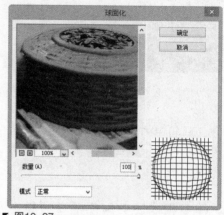

■ 图10-97

■ **水波**：可以模仿水面上产生的波纹和旋转效果。

■ **旋转扭曲**：可以产生旋转风轮效果。

■ **置换**：可以使图像产生移位效果，移位的方向不仅跟参数设置有关，还跟位移图有密切关系，使用该滤镜需要两个文件才能完成，一个是要编辑的图像文件，另一个是位移图文件，位移图文件充当移位模板，用于控制位移的方向。

>> >> **扭曲滤镜的使用**

下面使用扭曲滤镜制作抽丝效果，具体操作步骤如下：

01 启动Photoshop CC，打开"跳跃.jpg"图像文件，如图10-98所示。

■ 图10-98

02 设置前景色为黑色，单击工具箱中的"渐变工具"按钮■，在属性栏中设置渐变模式为"前景色到透明渐变"选项，如图10-99所示。

■ 图10-99

03 单击"图层"面板中的"创建新图层"按钮■，新建图层1，如图10-100所示。

▧ 图10-100

04 选择"图层1",然后按住鼠标左键在图像窗口中进行拖动,对图层进行渐变填充,如图10-101所示。

图10-101

05 执行"滤镜"→"扭曲"→"波浪"命令,弹出"波浪"对话框。设置生成器数为"1";设置波长最小为"1",最大为"6";设置波幅最小为"998",最大为"999";设置比例水平为"1",

垂直为"100",选择"类型"为"方形",然后单击"确定"按钮,如图10-102所示。

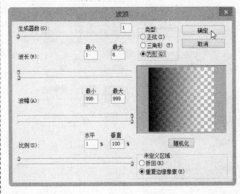

▧ 图10-102

06 在"图层"面板中设置"不透明度"为"50%",图像的最终效果如图10-103所示。

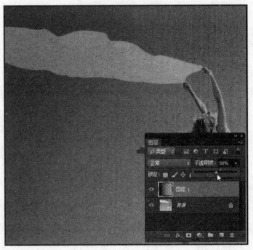

▧ 图10-103

10.4.5 使用素描滤镜制作铅笔素描效果 >>>

素描滤镜主要用于生成各种各样的纹理效果,使图像产生类似素描、速写或三维画的艺术特效。

>> **素描滤镜的作用**

执行"滤镜"→"滤镜库"命令,在打开的"滤镜库"窗口中,展开素描滤镜组,其中包括半条图案、便条纸、粉笔和炭笔、铬黄渐变以及绘图笔等14种滤镜效果,下面分别介绍素描滤镜组中各滤镜的作用。

◢ **半调图案:** 可以使用前景色和背景色将图像以网点的效果显示,如图10-104所示。

▨ **便条纸**：可以使图像以当前前景色和背景色混合产生凹凸不平的草纸画效果，其中前景色作为凹陷部分，而背景色作为凸起部分，如图10-105所示。

▨ 图10-104

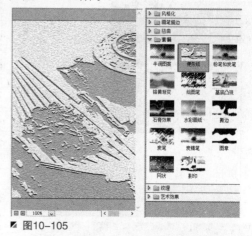

▨ 图10-105

▨ **粉笔和炭笔**：可以重绘高光和中间调，并使用粗糙粉笔绘制纯中间调的灰色背景。阴影区域用黑色对角炭笔线条来替换。炭笔用前景色绘制，粉笔用背景色绘制。

▨ **铬黄**：可以模拟液态金属效果。在"铬黄渐变"对话框中，"细节"文本框用来设置模拟液态细节部分的模拟程度，该值越大，铬黄效果越细致。

▨ **绘图笔**：将以前景色和背景色生成钢笔画素描效果，图像中没有轮廓，只有变化的笔触效果。

▨ **基底凸现**：主要用来模拟粗糙的浮雕效果。图像的暗色区域使用前景色，而浅色区域使用背景色。

▨ **石膏效果**：可以使用3D石膏为影像铸模，然后使用前景色和背景色为结果上色。深色区域突出，浅色区域凹陷。

▨ **水彩画纸**：可以制作出类似在潮湿的纸上绘图而产生画面浸湿的效果。

▨ **撕边**：可以使图像在前景色和背景色的交界处生成粗糙及撕破的纸片形状的效果。

▨ **炭笔**：可以将图像以类似炭笔画的效果显示。前景色代表笔触的颜色，背景色代表纸张的颜色。

▨ **炭精笔**：可以在图像上模拟浓黑和纯白的炭精笔纹理。其中，该滤镜在暗区使用前景色，在亮区使用背景色。

▨ **图章**：可以使图像产生类似生活中的印章效果。该滤镜用于黑白图像时效果最佳。

▨ **网状**：可以模拟胶片乳胶的可控收缩和扭曲来创建图像，使之在阴影处呈结块状，在高光处呈轻微颗粒化。

▨ **影印**：可以模拟影印图像的效果。

>>> **素描滤镜的使用**

下面使用素描滤镜制作铅笔素描效果，具体操作步骤如下：

01 启动Photoshop CC，打开"建筑.jpg"素材文件，如图10-106所示。

■ 图10-106

02 选择背景图层，然后按住背景图层将其拖动到"创建新图层"按钮■上，复制背景图层，如图10-107所示。

■ 图10-107

03 选择复制得到的图层，然后执行"图像"→"调整"→"去色"命令，去掉图像的颜色，如图10-108所示。

■ 图10-108

04 执行"图像"→"调整"→"色阶"命令，弹出"色阶"对话框。拖动"输入色阶"栏的滑块，调整图像的黑白对比度，然后单击"确定"按钮，如图10-109所示。

■ 图10-109

05 打开滤镜库，选择"素描"→"绘画笔"滤镜，在右侧设置绘画笔参数，然后单击"确定"按钮，如图10-110所示。

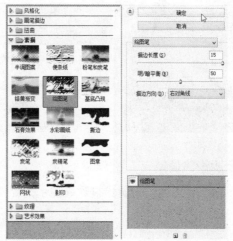

■ 图10-110

06 将照片转换成铅笔素描画的效果如图10-111所示。

■ 图10-111

10.4.6 使用纹理滤镜制作破旧老照片 》》

纹理滤镜用于为图像添加各种纹理效果，使图像产生深度感和材质感。

》》 ■ **纹理滤镜的作用**■

执行"滤镜"→"滤镜库"命令，在打开的"滤镜库"窗口中，展开"纹理"滤镜组，其中包括龟裂缝、颗粒、马赛克拼贴和拼缀图等6种滤镜效果，下面分别介绍纹理滤镜组中各滤镜的作用：

◿ **龟裂缝：**可以使图像产生龟裂纹理，从而制作出具有浮雕感的立体图像效果，如图10–112所示。

◿ **颗粒：**可以在图像中随机加入不规则的颗粒来产生颗粒纹理效果。

◿ **马赛克拼贴：**可以产生马赛克拼贴的效果。

◿ **拼缀图：**可以模拟出拼贴瓷砖的效果，如图10–113所示。

◿ **染色玻璃：**可以模拟出彩色玻璃画的效果，如图10–114所示。

◿ **纹理化：**可以通过预设纹理或图像的亮度值在图像中生成纹理效果。

◿ 图10–112

◿ 图10–113

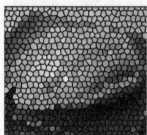
◿ 图10–114

》》 ■ **纹理滤镜的使用**■

下面练习使用纹理滤镜制作破旧的老照片，具体操作步骤如下：

01 启动Photoshop CC，打开"背景.jpg"素材文件，如图10–115所示。

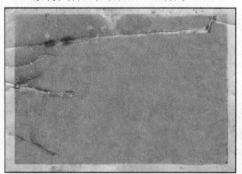
◿ 图10–115

02 打开"狗.jpg"图像文件，然后使用"移动工具" ▶➕将其移动到"背景.jpg"图像窗口中，如图10–116所示。

◿ 图10–116

03 隐藏"图层1"，单击工具箱中的"多边形套索工具"按钮 ☑，在"背景"图层中沿着相框的灰色部分绘制选区，如图10–117所示。

■ 图10-117

04 显示"图层1"，执行"选择"→"反向"菜单命令将选区反向，然后按下"Delete"键删除选区，如图10-118所示。

■ 图10-118

05 取消选区，选中图层1，打开滤镜库，选择"纹理"→"颗粒"滤镜，在右侧设置强度为"15"，对比度为"70"，颗粒类型为"柔和"，然后单击"确定"按钮，如图10-119所示。

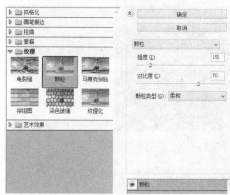

■ 图10-119

06 在"图层"面板中设置"图层1"的混合模式为"叠加"，效果如图10-120所示。

■ 图10-120

07 执行"图像"→"调整"→"色相/饱和度"命令，弹出"色相/饱和度"对话框。设置色相为"+15"，饱和度为"-50"，明度为"+15"，得到的效果如图10-121所示。

■ 图10-121

08 执行"图像"→"调整"→"色彩平衡"命令，弹出"色彩平衡"对话框。拖动"青色-红色"滑块至"+60"，拖动"洋红-绿色"滑块至"+30"，拖动"黄色-蓝色"滑块至"-20"，得到的效果如图10-122所示。

■ 图10-122

练一练 10.5 制作老照片 >>

案例描述　知识要点　素材文件　操作步骤

　　本章主要讲解了滤镜的概念、特殊滤镜和常用滤镜的使用方法与技巧。下面来制作一张老照片，以巩固滤镜在图像处理中的应用。

案例描述　知识要点　素材文件　操作步骤

- ☑ 使用添加杂色滤镜
- ☑ 使用动感模糊滤镜
- ☑ 使用海绵滤镜
- ☑ 使用颗粒滤镜

案例描述　知识要点　素材文件　操作步骤

01 启动Photoshop CC，打开"老照片.jpg"素材图片，然后单击"打开"按钮，如图10-123所示。

■ 图10-123

02 执行"图像"→"调整"→"去色"菜单命令为图像去色，再执行"图像"→"调整"→"色相/饱和度"命令，在弹出的"色相/饱和度"对话框中选中"着色"复选框，设置色相为"45"，饱和度为"45"，明度为"−15"，然后单击"确定"按钮，如图10-124所示。

■ 图10-124

03 设置前景色为黑色，然后在"图层"面板中新建"图层1"，按下"Alt+Delete"组合键填充前景色，如图10-125所示。

■ 图10-125

04 执行"滤镜"→"杂色"→"添加杂色"菜单命令，在弹出的"添加杂色"对话框中设置数量为"17%"，分布为"高斯分布"，选中"单色"复选框，然后单击"确定"按钮，如图10-126所示。

■ 图10-126

05 执行"图像"→"调整"→"阈值"菜单命令,在弹出的"阈值"对话框中设置阈值色阶为"100",然后单击"确定"按钮,如图10-127所示。

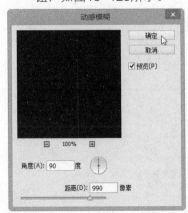

■ 图10-127

06 执行"滤镜"→"模糊"→"动感模糊"菜单命令,在弹出的"动感模糊"对话框中,设置角度为"90度",距离为"990像素",然后单击"确定"按钮,如图10-128所示。

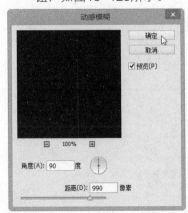

■ 图10-128

07 在"图层"面板中设置"图层1"的混合模式为"滤色",然后复制"图层1",得到"图层1拷贝",如图10-129所示。

■ 图10-129

08 选择"图层1拷贝"图层,执行"滤镜"→"杂色"→"添加杂色"菜单命令,在弹出的"添加杂色"对话框中设置数量为"10%",分布为"高斯分布",选中"单色"复选框,然后单击"确定"按钮,如图10-130所示。

■ 图10-130

09 打开滤镜库,选择"艺术效果"→"海绵"滤镜,设置画笔大小为"10",清晰度为"3",平滑度为"5",然后单击"确定"按钮,如图10-131所示。

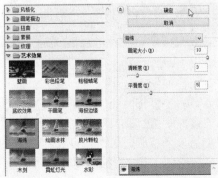

■ 图10-131

10 执行"滤镜"→"杂色"→"添加杂色"菜单命令，在弹出的"添加杂色"对话框中设置数量为"8%"，分布为"高斯分布"，选中"单色"复选框，然后单击"确定"按钮，如图10-132所示。

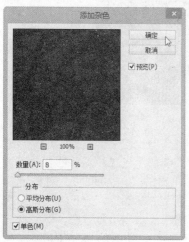

■ 图10-132

11 打开"调整"面板，单击"曲线"图标，然后在显示的参数面板中单击曲线，设置输入为"82"，输出为"37"，完成后单击"关闭"按钮，如图10-133所示。

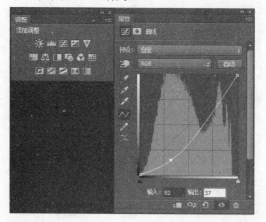

■ 图10-133

12 在"图层"面板中选择"背景"图层，然后单击工具箱中的"矩形选框工具"按钮，按住"Shift"键，在图像窗口中创建多个矩形选区，并设置羽化值为"5像素"，完成后按下"Ctrl+C"组合键复制选区，如图10-134所示。

■ 图10-134

13 在"图层"面板中单击底部的"创建新图层"按钮，得到"图层2"，然后按下"Ctrl+V"组合键粘贴选区，如图10-135所示。

■ 图10-135

14 打开滤镜库，选择"纹理"→"颗粒"滤镜，设置强度为"50"、对比度为"40"，颗粒类型为"垂直"，然后单击"确定"按钮，如图10-136所示。

■ 图10-136

15 在图层面板中将"图层2"的混合模式设置为"颜色减淡",并设置图层不透明度为"50%",如图10-137所示。

▰ 图10-137

16 图像的最终效果如图10-138所示。

▰ 图10-138

想一想 **10.6** 疑难解答 ＞＞

问: 消失点滤镜中的图章工具和工具箱中的仿制图章工具产生的结果有什么区别吗?

答: 当然有区别。消失点滤镜中的图章工具和工具箱中的仿制图章工具的工作原理类似,但仿制图章工具只能根据源图像的透视关系进行原样复制,而消失点滤镜中的图章工具可根据需要调整复制后的图像透视关系。

问: 马赛克拼贴滤镜和马赛克滤镜有什么区别?

答: 马赛克拼贴滤镜是将图像分解成许多拼贴块,而马赛克滤镜是根据图像的变化使用某种颜色进行拼贴。

想一想 **10.7** 学习小结 ＞＞

本章学习了滤镜和滤镜库的使用方法。在Photoshop CC中,内置了十几类共数十种不同的滤镜,而每种滤镜的参数设置也变化多端,要想熟练地使用各种滤镜,不是一朝一夕能够掌握的,需要在应用中不断积累。

第11章

动作与批处理

本章要点：

- ◪ 动作的基本应用
- ◪ 编辑动作
- ◪ 批处理的应用

Chapter

11

学生：老师，在处理图像的过程中，有许多操作是完全一致的，不过重复的操作有点烦琐，有没有什么方法可以快速重复相同的操作呢？

老师：只需要把相同的操作录制成动作，然后将动作应用到图层或选区中即可。

学生：那什么是动作呢？

老师：动作由多个操作或命令组成，用户可以随意录制动作，也可以调用系统自带的动作。动作为快速、大量地处理图像提供了可能。

　　动作和批处理功能是Photoshop智能化的最好体现。通过动作和批处理功能可以快速处理批量图像文件，以提高图像处理的工作效率。下面就对Photoshop CC中的动作和批处理进行详细介绍。

试一试 11.1 使用批处理将图片转换为灰度模式 »

案例描述 | 知识要点 | 素材文件 | 操作步骤

　　要将一张RGB格式的图片转换为灰度模式是一件相对容易的事情，但如果有许多张图片需要做同样的处理，该怎么办呢？此时如果运用Photoshop的批处理功能，可以大大提高工作效率。

案例描述 | **知识要点** | 素材文件 | 操作步骤

☑ 打开批处理程序

☑ 选择动作

☑ 设置批处理源

案例描述 | 知识要点 | 素材文件 | **操作步骤**

01 将要处理的图片放置到同一个文件夹中，启动Photoshop CC，执行"文件"→"自动"→"批处理"菜单命令，打开"批处理"对话框。

02 在图11-1的"动作"下拉列表框中选择"自定义RGB到灰度"选项，在"源"下拉列表框中选择"文件夹"选项，然后单击"选择"按钮，如图11-1所示。

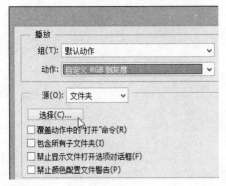

☑ 图11-1

03 弹出"浏览文件夹"对话框，在文件列表中选中要处理的图片文件夹，然后单击"确定"按钮，如图11-2所示。

☑ 图11-2

04 返回"批处理"对话框，在"目标"下拉列表框中选择"文件夹"选项，完成后单击"选择"按钮，如图11-3所示。

☑ 图11-3

提 示

如果图片文件夹中包含需要处理的子文件夹，则选中"包含所有子文件夹"复选框。

05 弹出"浏览文件夹"对话框，在文件列表中选中应用动作后图片存储的文件夹，然后单击"确定"按钮，如图11-4所示。

▨ 图11-4

06 返回"批处理"对话框，单击"确定"按钮，程序开始处理第一张图片，弹出"通道混合器"对话框，直接单击"确定"按钮，如图11-5所示。

▨ 图11-5

07 程序开始处理第二张图片，再次弹出"通道混合器"对话框，单击"确定"按钮，即可将所有的图片转换为灰度模式。

学一学 11.2 动作的基本应用 ≫

将用户对图像或选区进行的操作录制下来即成为动作，当需要对其他图像或图像选区进行相同的操作时，可通过播放录制下来的动作快速创建相同的图像效果。

11.2.1 认识"动作"面板 ≫≫

"动作"面板包含了应用动作的工具，执行"窗口"→"动作"命令或单击工作界面的面板组中的"动作"选项卡，即可打开"动作"面板，如图11-6所示。

▨ 图11-6

在"动作"面板中有一个"默认动作"组，在其下拉列表中列出了多个动作，每个动作由多个操作或命令组成。

提 示

单击"默认动作"组左侧的三角形箭头，可展开其隐藏的内容，再次单击该按钮，将重新隐藏内容。

"动作"面板下方有6个按钮，其中左边5个按钮的含义如下：

- "停止播放/记录"按钮■：单击该按钮，可以停止正在播放的动作。在录制新动作时，单击该按钮可以停止动作的录制。
- "开始记录"按钮●：单击该按钮，可以开始记录一个新的动作。
- "播放选定的动作"按钮▶：单击该按钮，可以播放当前选择的动作。
- "创建新组"按钮▢：单击该按钮，可以新建一个动作组来存放创建的动作。
- "创建新动作"按钮▤：单击该按钮，可以新建一个动作。

单击"动作"面板右上角的▤按钮，在弹出的快捷菜单中选择"命令"、"画框"和"图像效果"等命令，可以载入系统自带的其他动作组，如图11-7所示。

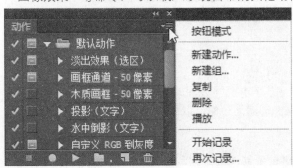

▨ 图11-7

11.2.2 播放动作 》》

所谓播放动作，就是将动作包含的操作或命令连续应用到选择的图像或选区中。下面使用"默认动作"组中的"木质画框"动作，为图像添加木质画框，具体操作步骤如下：

01 执行"文件"→"打开"命令，打开"栀子花.jpg"图像文件，如图11-8所示。

▨ 图11-8

02 单击"动作"面板右上侧的▤按钮，在弹出的下拉列表中选择"图像效果"选项，将"图像效果"动作组添加到"动作"面板中，如图11-9所示。

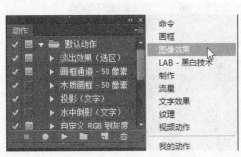

▨ 图11-9

03 在"动作"面板中单击展开"图像效果"动作组，在展开的动作组中选择"霓虹灯光"动作，然后单击面板底部的"播放选定动作"按钮▶，如图11-10所示。

☑ 图11-10

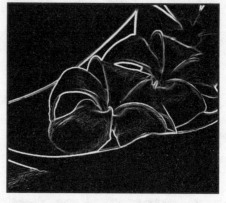

☑ 图11-11

04 为图像播放霓虹灯光动作后的效果如图
11-11所示。

11.2.3 创建和记录动作 »»

在Photoshop CC中允许用户自己录制动作，并且可以将录制的动作进行存储。用户还可以根据需要将经常使用的图像效果或编辑操作创建为动作，以便随时进行调用。

»» ▊ **创建动作组**

为了方便管理多个动作，用户可以创建一个动作组来对动作进行归类。下面练习创建一个名为"自定义"的动作组，具体操作步骤如下：

01 执行菜单栏中的"窗口"→"动作"命令，打开"动作"面板。单击面板右上角的▊按钮，在弹出的快捷菜单中选择"新建组"命令，如图11-12所示。

☑ 图11-13

03 动作组创建完成后，即可在"动作"面板中进行查看，如图11-14所示。

☑ 图11-14

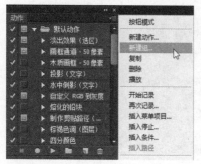

☑ 图11-12

02 弹出"新建组"对话框，在"名称"文本框中输入动作组的名称"自定义"，然后单击"确定"按钮，如图11-13所示。

▊ **技 巧**

单击"动作"面板底部的"创建新组"按钮▊，也可以实现动作组的创建。

»» ▊ **创建和记录动作**

下面将为图像制作磨砂效果的过程录制成动作，然后使用录制的动作为其他图像添加磨砂效果，具体操作步骤如下：

01 启动Photoshop CC，打开"风景.jpg"素材文件，如图11-15所示。

▪ 图11-15

02 单击动作面板中的"创建新动作"按钮 ，
弹出"新建动作"对话框。在"名称"文
本框中输入动作的名称，这里输入"磨砂
效果"，在"组"下拉列表框中选择动作
的分组，这里选择"自定义"，然后单击
"记录"按钮，如图11-16所示。

▪ 图11-16

03 选择"背景"图层，然后按下"Ctrl+J"
组合键，复制图层，得到"背景拷贝"
图层，如图11-17所示。

▪ 图11-17

04 执行"图像"→"调整"→"去色"
命令，去掉图像颜色，然后单击"滤
镜"→"杂色"→"添加杂色"命令，
在"数量"文本框中输入"60"，在

"分布"栏选择"平均分布"单选项，
勾选"单色"复选框，然后单击"确
定"按钮，如图11-18所示。

▪ 图11-18

05 执行"滤镜"→"模糊"→"动感模
糊"命令，在弹出的"动感模糊"对话
框中设置"角度"为"45"，"距离"
为"30"，然后单击"确定"按钮，如
图11-19所示。

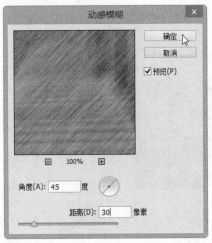

▪ 图11-19

06 在"图层"面板中设置"背景拷贝"图
层的图层混合模式为"明度"，不透明
度为"70%"，动作录制完成后，单击
"停止播放/记录"按钮 ，如图11-20所
示。

☑ 图11-20

07 执行"文件"→"打开"命令，打开"茶具.jpg"图像文件，在"动作"面板中选择刚刚录制完成的动作，然后单击"播放选定的动作"按钮▶，如图11-21所示。

☑ 图11-21

08 播放动作后，系统将录制的动作应用到当前的图像中，效果如图11-22所示。

☑ 图11-22

11.2.4 存储动作 》》

在图像中录制完动作后，可以将创建的动作进行保存，以便日后使用。存储动作的方法很简单，具体操作步骤如下：

01 在"动作"面板中录制好动作后，选择保存动作的动作组，如图11-23所示。

☑ 图11-23

02 单击"动作"面板右上角的■按钮，在弹出的快捷菜单中选择"存储动作"命令，如图11-24所示。

☑ 图11-24

03 在弹出的"另存为"对话框中设置保存路径、名称，然后单击"保存"按钮，即可完成存储动作的操作，如图11-25所示。

☑ 图11-25

11.3 编辑动作 ≫

用户可以在"动作"面板中对动作进行编辑，其中主要包括删除动作或动作组、载入动作、复制动作或动作组、更改动作顺序等，下面对编辑动作进行详细讲解。

11.3.1 删除动作或动作组 ≫≫

在Photoshop CC中，删除动作或动作组的方法主要有以下3种：

☑ 如果要删除一个或多个动作或动作组，只需选择要删除的动作或动作组，然后单击"动作"面板右上角的▇▇按钮，在弹出的快捷菜单中选择"删除"命令即可，如图11-26所示。

☑ 选择需要删除的动作或动作组后，单击"动作"面板底部的"删除"按钮🗑即可。

☑ 如果要删除"动作"面板中的所有动作，只需单击面板右上角的▇▇按钮，在弹出的快捷菜单中选择"清除全部动作"命令即可，如图11-27所示。

☑ 图11-26

☑ 图11-27

> **提 示**
>
> 在执行"删除"命令后，系统将弹出提示对话框，单击"确定"按钮后，即可删除所选动作或动作组。

11.3.2 载入动作 ≫≫

单击"动作"面板右上角的▇▇按钮，在弹出的快捷菜单中选择"载入动作"命令，弹出"载入"对话框，在其中选择需要载入的动作，然后单击"载入"按钮即可，如图11-28所示。

☑ 图11-28

11.3.3 替换动作 ≫≫

使用"替换动作"命令，可以载入动作来替换当前面板中的动作。单击"动作"面板右上角的▇▇按钮，在弹出的快捷菜单中选择"替换动作"命令，弹出"载入"对话框，在其中选择需要载入的动作，然后单击"载入"按钮即可。

11.3.4 复位动作 ≫≫

使用"复位动作"命令可以将系统默认的动作显示在"动作"面板中，操作如下：

01 单击"动作"面板右上角的■按钮，在弹出的快捷菜单中选择"复位动作"命令，如图11-29所示。

☑ 图11-29

02 在弹出的提示对话框中单击"确定"按钮即可，如图11-30所示。

☑ 图11-30

11.3.5 修改动作 ⟩⟩⟩

录制完动作后，"动作"面板中会显示动作的参数。如果用户对所录制动作的效果不满意，可以通过修改其参数来达到理想效果。

下面练习对录制的动作进行修改，具体操作步骤如下：

01 执行"窗口"→"动作"命令，在打开的"动作"面板中双击需要修改的动作，如图11-31所示。

☑ 图11-31

02 在弹出的"添加杂色"对话框中，设置数量为"30"，然后单击"确定"按钮，如图11-32所示。

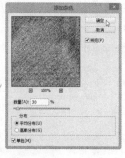

☑ 图11-32

03 动作修改完成后，可以在"动作"面板中查看到新的动作参数，如图11-33所示。

☑ 图11-33

学一学 **11.4** 批处理的应用 ⟩⟩

Photoshop CC提供了批处理图像的功能，通过该功能可以同时对多个图像进行处理。

11.4.1 批处理图像 ⟩⟩⟩

通过"动作"面板一次只可以对一幅图像使用动作，如果想对多幅图像同时使用某个动作，则可以通过"批处理"命令来实现。使用"批处理"命令还可以为批处理后的图像进行批量重命名。

下面练习使用"批处理"命令，同时对多个图像文件进行处理，具体操作步骤如下：

01 执行"文件"→"自动"→"批处理"命令，弹出"批处理"对话框。在"动作"下拉列表框中选择"木质画框"选项，然后单击"选择"按钮，如图11-34所示。

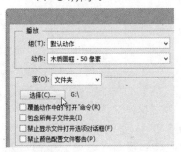

▨ 图11-34

02 在弹出的"浏览文件夹"对话框中选择图像文件所在的文件夹，然后单击"确定"按钮，如图11-35所示。

▨ 图11-35

03 在"目标"下拉列表框中选择"文件夹"选项，然后单击"选择"按钮，如图11-36所示。

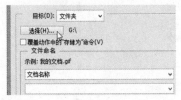

▨ 图11-36

04 在弹出的"浏览文件夹"对话框中选择应用动作后图像存储的文件夹，然后单击"确定"按钮返回"批处理"对话框，如图11-37所示。

▨ 图11-37

05 在"批处理"对话框中单击"确定"按钮，系统将自动对图像进行处理，处理后的效果如图11-38所示。

▨ 图11-38

11.4.2 创建快捷批处理 >>>

创建快捷批处理是指将批处理操作创建为一个快捷方式，用户只要将需要批处理的文件拖至该快捷方式图标上，即可快速完成批处理操作。

下面练习在Photoshop CC中创建快捷批处理，具体操作步骤如下：

01 将需要批处理的图像文件放置到同一个文件夹中，然后执行"文件"→"打开"命令，打开其中一个图像文件，如图11-39所示。

图11-39

02 在"动作"面板中选择"四分颜色"，然后单击"播放选定的动作"按钮，为图像文件创建效果，如图11-40所示。

图11-40

03 执行"文件"→"自动"→"创建快捷批处理"命令，在弹出的"创建快捷批处理"对话框中单击"选择"按钮，如图11-41所示。

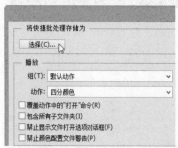

图11-41

04 在弹出的"另存为"对话框中选择快捷批处理的保存路径，在"文件名"文本框中输入"快捷批处理"，然后单击"保存"按钮，如图11-42所示。

图11-42

05 在"目标"下拉列表框中选择"文件夹"选项，然后单击"选择"按钮，如图11-43所示。

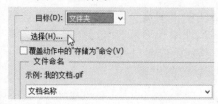

图11-43

06 在弹出的"浏览文件夹"对话框中选择用于存储快捷批处理输出的文件夹，然后单击"确定"按钮返回"创建快捷批处理"对话框，如图11-44所示。

图11-44

07 在"创建快捷批处理"对话框中单击"确定"按钮，即可在指定的位置创建快捷批处理程序，如图11-45所示。

即可自动处理图像，如图11-46所示。

■ 图11-45

08 将需要批处理的图像文件夹拖动到"快捷批处理"程序图标上，释放鼠标后，系统

■ 图11-46

11.4.3　裁剪并修齐照片 》》

在同时扫描多幅图片后，需要将每幅图片进行分割并修正，通过Photoshop CC提供的"裁剪并修齐照片"命令，即可快速完成这个操作。

01 启动Photoshop CC，打开"照片.jpg"素材文件。该图像文件只有一个背景图层，文档窗口中显示了两幅摆放不规则的图像，如图11-47所示。

■ 图11-47

■ 图11-48

> **提示**
>
> 如果要裁剪并修齐的照片有部分重叠，应先将重叠部分分离，否则，裁剪将出现错误。分离重叠部分只需使用绘图工具绘制出重叠部分的选区，然后使用移动工具将选区内的图像拖离重叠区域即可。

02 执行"文件"→"自动"→"裁剪并修齐照片"命令，原素材图像中的两幅图像会以副本的形式被单独分离出来，如图11-48所示。

11.4.4　制作全景图 》》

拍摄照片时，有时无法将需要的景物完全纳入镜头中，这时就可以多次拍摄景物的各个部分，然后通过Photoshop CC的"Photomerge"命令，将景物的各个部分合成为一幅完整的照片。

执行"文件"→"自动"→"Photomerge"命令，即可打开"Photomerge"对话框，如图11-49所示。

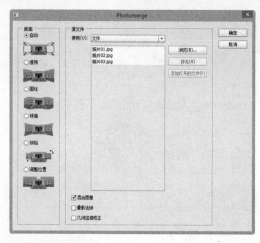

其中各选项的含义如下：

▨ **文件列表框**：列出了需要合成的图像文件。

▨ **"自动"单选按钮**：选择该单选按钮，Photoshop CC将自动对源图像进行分析，然后将选择"透视"或"圆柱"版面对图像进行合成。

▨ **"透视"单选按钮**：选择该单选按钮，Photoshop CC将指定源图像中的一个图像为参考图像来复合图像，然后变换其他图像，以便匹配图层的重叠内容。

▨ 图11-49

▨ **"圆柱"单选按钮**：选择该单选按钮，Photoshop CC将在展开的圆柱上显示各个图像来减少在"透视"布局中出现的扭曲现象。

▨ **"球面"单选按钮**：选择该单选按钮，Photoshop CC将对齐并转换图像，使其映射到球体内部，从而模拟观看360°全景图的感受。

提示

如果拍摄了一组环绕360°的图像，选择该选项可创建360°全景图。也可以将"球面"与其他文件集搭配使用，产生完美的全景效果。

▨ **"拼贴"单选按钮**：选择该单选按钮，Photoshop CC将对齐图层并匹配重叠内容，同时变换任何源图层。

▨ **"调整位置"单选按钮**：选择该单选按钮，Photoshop CC将对齐图层并匹配重叠内容，但不会变换任何源图层。

下面使用"Photomerge"命令将3幅图像文件合并成一幅具有透视效果的完整的全景图，具体操作步骤如下：

01 执行"文件"→"自动"→"Photomerge"命令，在弹出的"Photomerge"对话框中单击"浏览"按钮，如图11-50所示。

02 在弹出的"打开"对话框中选择"全景图"文件夹下的所有文件，然后单击"确定"按钮，如图11-51所示。

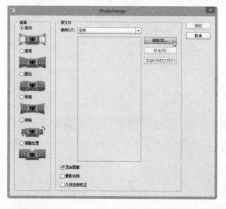

▨ 图11-50

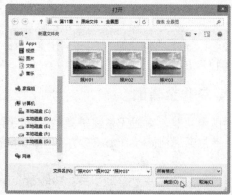

▨ 图11-51

03 返回到"Photomerge"对话框，然后单击"确定"按钮，如图11-52所示。

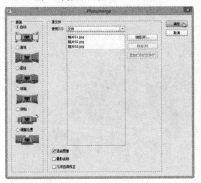

图11-52

04 系统会花费一些时间来分析并创建照片，照片合成的效果如图11-53所示。

图11-53

05 单击"裁剪工具"按钮🔳，裁剪照片的空白区域，最终效果如图11-54所示。

图11-54

11.4.5　合并到HDR

使用"合并到HDR"命令，可以将具有不同曝光度的同一景物的多幅图像合成在一起，并在随后生成的HDR图像中捕捉常见的动态范围。

下面练习使用"合并到HDR"命令合成图像，具体操作步骤如下：

01 执行"文件"→"自动"→"合并到HDR"命令，弹出"合并到HDR Pro"对话框，然后单击"浏览"按钮，如图11-55所示。

图11-55

02 在弹出的"打开"对话框中选择"合并到HDR"文件夹下的所有图像文件，然后单击"打开"按钮，如图11-56所示。

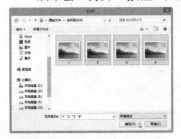

图11-56

03 返回到"合并到HDR Pro"对话框，然后单击"确定"按钮，如图11-57所示。

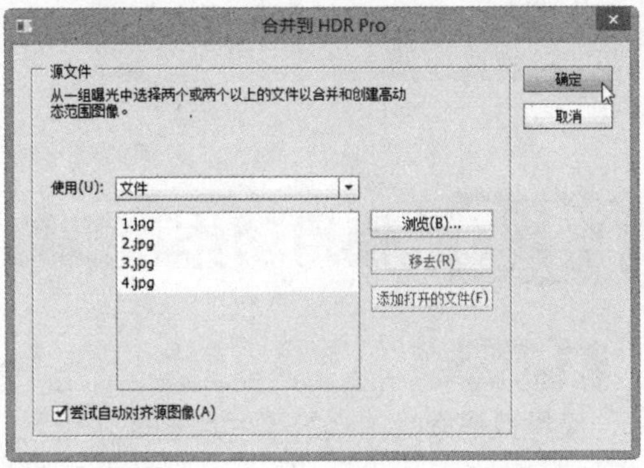

图11-57

04 系统将自动对照片的曝光度进行分析，并在随后弹出的"合并到HDR Pro"对话框中显示结果，单击"确定"按钮进行最终合并，如图11-58所示。

■ 图11-58

05 图像在最终的合并过程中将显示进度提示对话框，合并完成后会得到一个新的图像文件，最终效果如图11-59所示。

■ 图11-59

11.4.6 限制图像 >>>

Photoshop CC提供了快速更改图像尺寸的功能，用户可以根据自己的需要调整图像的大小。首先执行"文件"→"自动"→"限制图像"命令，然后在弹出的"限制图像"对话框中指定图像的宽度和高度，最后单击"确定"按钮即可，如图11-60所示。

■ 图11-60

练一练 **11.5** 使用动作和批处理快速制作同尺寸图片
>>

| **案例描述** | 知识要点 | 素材文件 | 操作步骤 |

使用数码相机拍摄的照片尺寸往往较大，而在网页上制作产品展示时通常需要较小且相同尺寸的图片。本章我们学习了动作和批处理的相关知识，下面我们就录制一个改变图片大小的动作，并使用批处理程序制作同尺寸的图片。

| 案例描述 | **知识要点** | 素材文件 | 操作步骤 |

✓ 录制动作
✓ 使用批处理

| 案例描述 | 知识要点 | 素材文件 | **操作步骤** |

01 将要处理的图片放置到同一个文件夹中，启动Photoshop CC，打开其中一张需要处理的图片文件。

02 执行"窗口"→"动作"命令，打开"动作"面板，单击"创建新动作"按钮█，弹出"新建动作"对话框，设置动作名称为"图片大小"，然后单击"记录"按钮开始录制，如图11-61所示。

◢ 图11-61

03 执行"图像"→"图像大小"命令，弹出"图像大小"对话框，取消"约束比例"状态，然后设置需要的图片尺寸，这里设置为"400×300"像素，如图11-62所示。

◢ 图11-62

04 单击"确定"按钮，然后在"动作"面板中单击"停止记录"按钮█，完成动作的录制，如图11-63所示。

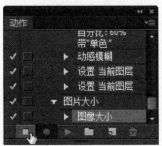

◢ 图11-63

05 执行"文件"→"自动"→"批处理"命令，弹出"批处理"对话框，在"动作"下拉列表框中选择"图片大小"选

项，在"源"下拉列表框中选择"文件夹"选项，单击"选择"按钮并选择要处理的图片文件夹，在"目标"下拉列表框中选择"存储并关闭"选项，如图11-64所示。

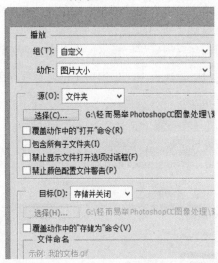

◢ 图11-64

06 设置完成后单击"确定"按钮，程序开始处理第一张图片，此时弹出"JPEG选项"对话框，单击"确定"按钮保存图片，如图11-65所示。

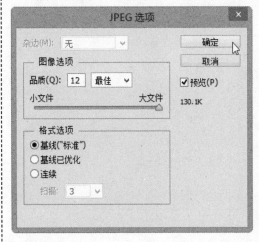

◢ 图11-65

07 程序开始处理第二张图片，重复第6步操作，直至所有的图片处理完成。

想一想 11.6 疑难解答 >>

问：为何使用批处理程序处理图片后，新生成的图片会覆盖修改前的图片文件？

答：在"批处理"对话框中，如果在"目标"下拉列表框中选择"存储并关闭"选项，则会覆盖源文件。如果希望生成新的文件，则在"目标"下拉列表框中选择"文件夹"选项，然后设置好目标文件夹及文件名即可。

问：在批处理过程中，如何停止批处理程序的运行？

答：要想停止批处理运行，可在批处理过程中弹出的任意对话框中单击"取消"按钮或"关闭"按钮 **X**，此时会弹出提示对话框，单击"停止"按钮即可，如图11-66所示。

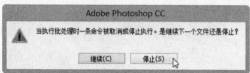

�． 图11-66

想一想 11.7 学习小结 >>

　　动作和批处理通常是配合使用的两个重要功能，当我们需要对多张图片做相同的处理，或是经常需要重复执行某项操作时，就可以先把一个或多个操作录制成动作，然后使用批处理程序将动作应用到图片中。动作和批处理程序大大加快了我们处理图片的速度。

第12章

图像的打印输出

本章要点：
- ▨ 打印前的准备
- ▨ 打印输出图像

Chapter

12

学生：老师，我想把自己设计完成的平面作品打印出来，是不是只要连接好打印机就可以打印了？

老师：如果只是打印简单的样图，那和打印普通的Word文档差不多；如果要进行专业的图像打印，则在打印前还需要对图像进行一些必要的处理及打印设置，才能打印出漂亮的图片。

学生：需要对图像进行哪些处理和设置呢？

老师：首先要进行色彩的校正，以免打印出的作品出现偏色等情况；其次要进行格式转换、分色和打样等工作。

在Photoshop CC中将图像处理完成后，为了查看方便，需要对其进行输出操作。本章将对图像的获取、图像的印前准备及图像的打印设置进行详细讲解，使读者掌握使用打印机打印图像的方法。

试一试 12.1 转换图像颜色模式 »

案例描述 | 知识要点 | 素材文件 | 操作步骤

在对图像进行印刷时，出片中心是以CMYK模式对图像进行四色分色的，因此，需要将RGB颜色模式转换为CMYK颜色模式。本案例将把颜色模式转换为印刷前的颜色模式。

案例描述 | **知识要点** | 素材文件 | 操作步骤

☑ 打开图像

☑ 转换色彩模式

案例描述 | 知识要点 | 素材文件 | **操作步骤**

01 打开一张RGB颜色模式的图像文件，执行"图像"→"模式"→"CMYK颜色"菜单命令，如图12-1所示。

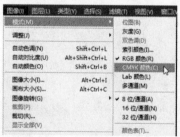

☑ 图12-1

02 弹出提示对话框，单击"确定"按钮，即可将图像转换为印刷前的颜色模式，如图12-2所示。

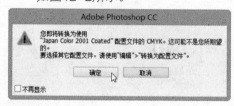

☑ 图12-2

学一学 12.2 打印前的准备 »

将图像文件进行打印输出之前，还需要对图像进行一些处理，包括了解图像的印前处理流程、进行色彩校对及分色和打样等操作。

12.2.1 图像的印前处理流程 »»

一个图像作品从开始制作到印刷输出，其印前处理流程大致包括以下几个步骤。

☑ 对图像进行色彩校对。

☑ 对打印图像进行校稿。

☑ 再次打印校稿后的样稿，反复修改直到定稿。

☑ 传送最终图像至出片中心出片。

☑ 将正稿送印刷单位进行印前打样。

☑ 校正打样稿，若颜色和文字都正确，送到印刷厂进行制版、印刷。

12.2.2　色彩校对 >>>

在制作过程中进行图像的色彩校对是印刷前非常重要的一步，色彩校对主要可从以下几个方面入手。

显示器色彩校对

如果同一个图像文件的颜色在不同的显示器上显示效果不一致，说明显示器可能偏色，此时需要对显示器进行色彩校对。有些显示器自带色彩校对软件，如果没有，则需要用户手动调节显示器的色彩。

打印机色彩校对

在计算机屏幕上看到的颜色和打印机打印到纸张上的颜色一般不完全相同，这主要是因为计算机产生颜色的方式和打印机产生颜色的方式不同。要让打印机输出的颜色和计算机屏幕上看到的颜色接近，设置好打印机的色彩管理参数和调整彩色打印机的偏色规律是一条重要途径。

图像色彩校对

图像色彩校对主要是指图像设计人员在制作过程中或制作完成后对图像的颜色进行校对。当用户选择了某种颜色，并进行一系列操作后，颜色就有可能发生变化，此时需要检查图像的颜色与当时设置的CMYK颜色值是否相同，如果不同，则需要通过"拾色器"对话框调整图像颜色。

12.2.3　分色和打样 >>>

在完成了图像的制作、校对后，就可以进入印刷前的最后一个步骤，即分色和打样。

分色

分色是指在出片中心将制作好的图像分解为青色（C）、洋红（M）、黄色（Y）和黑色（K）4种颜色，也就是在计算机印刷设计或平面设计软件中，将扫描图像或其他来源的图像转换为CMYK颜色模式。

打样

打样是指将分色后的图片印刷成青色、洋红、黄色和黑色4色胶片，一般用于检查图像的分色是否正确。如果发现误差，应及时将出现的误差和应达到的数据标准提供给制版部门，作为修正的依据。

12.2.4　将RGB颜色模式转换成CMYK颜色模式 >>>

在对图像进行印刷时，出片中心是以CMYK模式对图像进行四色分色的，即将图像中的颜色分解为青色、洋红、黄色和黑色4种胶片。但在Photoshop CC中制作的图像都是RGB颜色模式的，因此，需要将RGB颜色模式转换为CMYK颜色模式。

12.3　打印输出图像 >>

在图像校正完成后，就可以将图像文件打印输出了。为了获得良好的打印效果，掌握正确的打印方法也是非常重要的。

12.3.1 设置打印参数 »»

　　在Photoshop CC中，选择"文件"→"打印"命令，在弹出的"Photoshop打印设置"对话框中设置参数选项后，单击"打印"按钮即可，如图12-3所示。

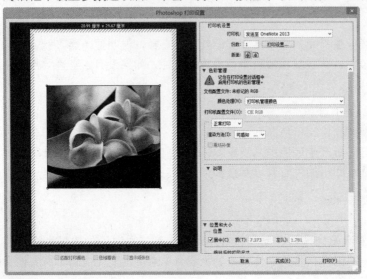

▨ 图12-3

> **提示**
>
> 在打印预览框中可以预览图像的打印效果，在"打印机"下拉列表框中可以选择需要使用的打印机，在"份数"文本框中可以设置打印的份数。

»» 页面设置

　　在"Photoshop打印设置"对话框中单击"打印设置"按钮，在弹出的对话框的"布局"选项卡中可以设置纸张方向，如图12-4所示。单击下方的"高级"按钮，可以设置纸张的规格和文档选项等，如图12-5所示。

▨ 图12-4

▨ 图12-5

»» 调整打印位置

　　"Photoshop打印设置"对话框中的"位置"栏用于设置图像在纸张中的位置，系统默认选中"图像居中"复选框，这样图像在打印后会位于纸张的中心位置，如图12-6所示。

取消选中"图像居中"复选框，用户可以在"顶"和"左"文本框中输入数值，或使用鼠标在预览框中直接拖动图像来调整图像的打印位置，如图12-7所示。

▨ 图12-6　　　　　　　▨ 图12-7

>> >> **调整图像大小**

"打印设置"对话框中的"缩放后的打印尺寸"栏用于设置预览框中图像的打印大小，选中"缩放以适合介质"复选框后，预览框中的图像将自动放大或缩小以匹配打印纸张，如图12-8所示。取消选中"缩放以适合介质"复选框，在预览框中拖动图像周围的定界框，即可手动调整图像的大小，如图12-9所示。

▨ 图12-8　　　　　　　▨ 图12-9

>> >> **颜色管理**

如果要对彩色图像进行打印，则需要对图像进行分色处理。在"打印设置"对话框展开右侧的"色彩管理"栏，即可进行相应的设置，如图12-10所示。

▨ 图12-10

其中的各参数含义如下：

■ **文档配置文件**：显示文档的当前颜色配置文件。

■ **颜色处理**：在该下拉列表框中可以选择处理颜色的方式。

■ **匹配打印颜色**：在"颜色处理"下拉列表框中选择"Photoshop 管理颜色"时，将激活该复选框。勾选该复选框，可在预览区域中查看图像颜色的实际打印效果。

■ **打印机配置文件**：选择适用于打印机和将使用的纸张类型的配置文件。

■ **渲染方法**：可以指定Photoshop如何将颜色转换为目标色彩空间。

■ **校样设置**：校样是对最终输出在印刷机上的印刷效果的打印模拟。单击"色彩管理"下方的"正常打印"下拉列表框选择"印刷校样"单选项，将激活该选项。在该选项的下拉列表框中可以选择以本地方式存于硬盘驱动器上的任何自定校样。

■ **模拟纸张颜色**：模拟颜色在模拟设备的纸张上的显示效果。

■ **模拟黑色油墨**：对模拟设备的深色的亮度进行模拟。

>> **打印标记**

设置打印标记可以控制与图像一起在页面上显示的打印机标记，如图12-11所示。

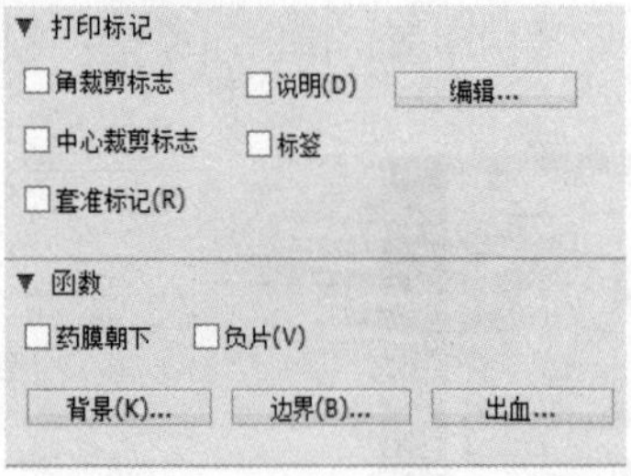

其中的各参数含义如下：

■ **"角裁剪标志"复选框**：勾选该复选框，将在图像的4个角上打印出裁剪标志符号。

■ **"中心裁剪标志"复选框**：勾选该复选框，将在页面被裁剪的地方打印出裁剪标志，并将标志打印在页面每条边的中心。

■ 图12-11

■ **"套准标记"复选框**：勾选该复选框，将会在打印的同时在图像的4个角上出现打印对齐的标志符号，用于图像中分色和双色调的对齐。

■ **"说明"复选框**：勾选该复选框，打印制作时将在"文件简介"对话框中输入的题注文本。

■ **"标签"复选框**：选中该复选框，将在图像上打印出文件名称和通道名称。

>> **设置函数**

如果要使图像直接从Photoshop中进行商业印刷，可使用函数进行输出设置。通常这些输出参数只应该由印前专业人员或对商业印刷过程了如指掌的人员指定。

■ **"药膜朝下"复选框**：勾选该复选框，药膜将朝下进行打印。

■ **"负片"复选框**：勾选该复选框，将按照图像的负片效果打印，实际上就是将颜色反转。

■ **"背景"按钮**：单击该按钮，可在打开的"选择背景色"对话框中设置背景色。

■ **"边界"按钮**：单击该按钮，可在打开的"边界"对话框中设置图片边界，如图12-12所示。

■ **"出血"按钮**：单击该按钮，可在打开的"出血"对话框中设置出血宽度，如图12-13所示。

■ 图12-12

■ 图12-13

12.3.2　打印图像 >>>

在"打印"对话框中设置好相应的参数后，用户就可以打印图像文件了，具体操作步骤如下：

01 在图像窗口中打开任意图像文件后，执行"文件"→"打印"命令，在弹出的"Photoshop打印设置"对话框中单击"打印"按钮，如图12-14所示。

■ 图12-14

技巧

按下"Ctrl+P"组合键，可以快速打开"Photoshop打印设置"对话框。

02 在弹出的"打印"对话框中选择打印机、设置页面范围和打印份数，完成后单击"打印"按钮，即可将图像进行打印，如图12-15所示。

■ 图12-15

12.3.3　打印指定图层 >>>

如果需打印指定图层，只需将不需要打印的图层隐藏即可，打印指定图层的具体操作步骤如下：

01 启动Photoshop CC，打开"茶杯.psd"素材文件，图像中包含3个图层，如图12-16所示。

■ 图12-16

02 在"图层"面板中单击 图标，隐藏不需要打印的图层，如图12-17所示。

■ 图12-17

03 选择"文件"→"打印"菜单命令，在弹出的"Photoshop打印设置"对话框中单击"打印"按钮。

04 在弹出的"打印"对话框中选择打印机、设置页面范围和打印份数，完成后单击"打印"按钮，即可将图像打印出来。

12.3.4 打印图像区域 »

如果要打印图像中的部分图像，可先使用工具箱中的选框工具在图像中创建一个图像选区，然后进行打印，具体操作步骤如下：

01 启动Photoshop CC，打开"栈桥.jpg"图像文件，如图12-18所示。

■ 图12-18

02 单击工具箱中的"椭圆选框工具"按钮 ，然后在图像窗口中绘制要打印的选区，如图12-19所示。

■ 图12-19

03 执行"文件"→"打印"菜单命令，在弹出的"Photoshop打印设置"对话框中单击"打印"按钮。

04 在弹出的"打印"对话框中选择打印机，然后设置页面范围为"选定范围"，并设置打印份数，完成后单击"打印"按钮，即可将图像进行打印，如图12-20所示。

■ 图12-20

练一练 12.4 设置打印出血线 »

> **案例描述** 知识要点 素材文件 操作步骤

图像文件在打印或印刷输出后，为了规范所有图像所在纸张的尺寸，一般都要进行裁切处理，此时便引入了出血线的概念。出血线一般为3mm，出血线以外的区域就是要裁切的区域，并且最多也只能裁切到出血线的位置。

> 案例描述 **知识要点** 素材文件 操作步骤

✓ 打开"打印"对话框。

✓ 设置出血线。

> 案例描述 知识要点 素材文件 **操作步骤**

01 启动Photoshop CC，打开"夕阳.jpg"图像文件，如图12-21所示。

◪ 图12-21

02 执行"文件"→"打印"命令，在弹出的"Photoshop打印设置"对话框中展开右侧的"函数"选项，单击"出血"按钮，如图12-22所示。

◪ 图12-22

03 单击"出血"按钮，在弹出的"出血"对话框中设置宽度为"3毫米"，然后单击"确定"按钮，如图12-23所示。

◪ 图12-23

04 返回"Photoshop打印设置"对话框，单击"打印"按钮，在弹出的"打印"对话框中再单击"打印"按钮即可，如图12-24所示。

◪ 图12-24

12.5 疑难解答 》

问：如何从Photoshop 中打印分色？

答：打开图像文件并确定该文件为CMYK模式，在菜单栏执行"文件"→"打印"命令，即可弹出"Photoshop打印设置"对话框。在"颜色处理"下拉列表框中选择"分色"选项，然后单击"打印"按钮进行打印。

问：如果打印机出现偏色，应该怎么解决？

答：如果打印机出现偏色，则应该更换墨盒或根据偏色规律调整墨盒中的墨粉，如对偏浅的墨盒添加墨粉，为保证色彩正确，也可以请专业人员进行校正。

12.6 学习小结 》

本章学习了图片输出及打印的相关知识，要想将一幅作品完美地表现出来，打印前的准备工作非常重要。对于专业的图像制作人员，除了要熟练掌握Photoshop的相关操作外，掌握相关的颜色知识及印刷知识也是必不可少的。

第13章

综合案例

Chapter

本章要点：
- ◪ 产品宣传单设计
- ◪ 合成照片制作混合图像

学生： 我已经对Photoshop CC的基本功能有了基本的了解，但在实际应用中还缺乏创意和经验，我应该怎样来提高自己呢？

老师： 初学者通常都会有这样的困惑，虽然对软件的基本功能已经相当熟悉了，但在实际操作时却不能灵活运用。要想成为平面设计高手，还需要不断地实践，多看、多练。

学生： 老师，你能给我介绍一些Photoshop CC的应用实例吗？

老师： 好的，下面就跟我一起练习吧。

通过前面的学习，相信大家已经对Photoshop CC的基础操作有了一定的认识。下面就综合本书所学的内容，结合实例对相关知识进行巩固，使读者可以掌握更多的应用技能。

练一练 13.1 房地产广告设计 》

案例描述 | 知识要点 | 素材文件 | 操作步骤

本节列举了一个房地产广告的案例，通过本节的练习，使读者对广告设计有一个基本的了解，同时，读者可以根据所学到的知识，进行举一反三的设计。

本例制作完成后的最终效果如图13-1所示。

▰ 图13-1

案例描述 | 知识要点 | 素材文件 | 操作步骤

◪ 新建图像文件，并确定其大小

◪ 制作背景和主体

◪ 输入文字信息

案例描述 | 知识要点 | 素材文件 | 操作步骤

》》 **制作背景和主体**

01 在菜单栏执行"文件"→"新建"命令，新建一个名为"房地产广告"，宽度为"15厘米"，高度为"10厘米"，分辨率为"300像素/英寸"的RGB图像文档，然后单击"确定"按钮，如图13-2所示。

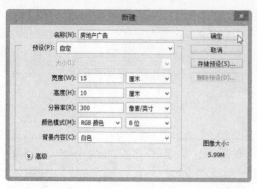

■ 图13-2

02 在"图层"面板中新建"图层1"，设置前景色为"R: 156、G: 214、B: 56"，背景色为"R: 62、G: 124、B: 1"，然后选择渐变工具■，在其属性栏中单击"径向渐变"按钮■，在图像窗口中渐变填充，如图13-3所示。

■ 图13-3

03 选择钢笔工具■，在图像窗口中绘制路径，如图13-4所示。

■ 图13-4

04 设置前景色为白色，在"路径"面板中单击底部的"将路径作为选区载入"按钮■，载入选区，然后在"图层"面板中新建"图层2"，按下"Alt+Delete"组合键填充前景色，如图13-5所示。

■ 图13-5

05 按下"Ctrl+D"组合键取消选区，在"图层"面板中双击"图层2"缩略图，在弹出的"图层样式"对话框中选择"投影"选项，具体参数设置如图13-6所示，完成后单击"确定"按钮。

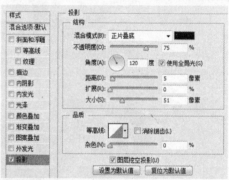

■ 图13-6

06 利用同样的方法绘制路径，载入选区，然后在"图层"面板中新建"图层3"，填充并添加图层样式，如图13-7所示。

■ 图13-7

07 选择椭圆选框工具■，在图像窗口中绘制选区，单击鼠标右键，在弹出的下拉列表中选择"变换选区"命令，对选区进行变换操作，如图13-8所示。

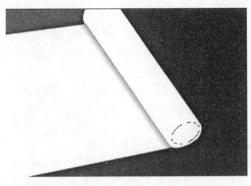

■ 图13-8

08 设置前景色为白色，在"图层"面板中新建"图层4"，然后按下"Alt+Delete"组合键填充前景色，按下"Ctrl+D"组合键取消选区，如图13-9所示。

■ 图13-9

09 在"图层"面板中双击"图层4"缩略图，在弹出的"图层样式"对话框中选择"内阴影"选项，具体参数设置如图13-10所示，完成后单击"确定"按钮。

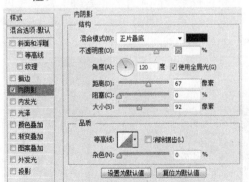

■ 图13-10

10 在"图层"面板中新建"图层5"，选择矩形工具，在其属性栏中选择"像素"选项，然后在图像窗口中绘制矩形，如图13-11所示。

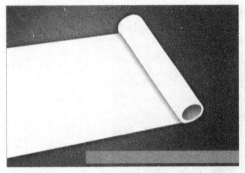

■ 图13-11

11 执行"文件"→"打开"菜单命令，打开"天空.jpg"、"楼盘.jpg"和"路线图.jpg"素材文件，如图13-12所示。

■ 图13-12

12 使用移动工具将"天空.jpg"图像拖动到"房地产广告"图像窗口中，然后按下"Ctrl+T"组合键调整位置和方向，如图13-13所示。

■ 图13-13

13 在"图层"面板中将"天空"素材所在的图层移动到"图层4"的下方，复制该图层，然后将复制的图层移动到"图层3"的下方，如图13-14所示。

图13-14

14 按下"Alt"键不放，然后在"天空"素材所在的图层和"图层3"之间，当光标成 形状时单击，创建剪贴蒙版，如图13-15所示。

图13-15

15 用同样的方法，在复制的素材图片和"图层2"之间创建剪贴蒙版，如图13-16所示。

图13-16

16 使用移动工具 将"楼盘.jpg"图像拖动到"房地产广告"图像窗口中，然后按下"Ctrl+T"组合键进行变换操作，如图13-17所示。

图13-17

17 设置背景色为黑色，在"图层"面板中单击底部的"添加图层蒙版"按钮 ，然后对素材图片中不需要的区域进行擦除，如图13-18所示。

图13-18

18 使用移动工具 将"路线图.jpg"素材拖动到"房地产广告"图像窗口中，然后按下"Ctrl+T"组合键进行变换操作并设置其图层混合模式为"正片叠底"，如图13-19所示。

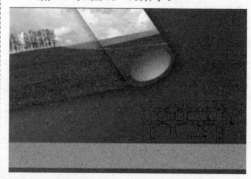

图13-19

19 在"图层"面板中新建图层，选择画笔工具，在其属性栏中单击"画笔预设"下拉按钮，在弹出的面板中单击按钮，然后在弹出的下拉列表中选择"混合画笔"命令，追加画笔样式，如图13-20所示。

▨ 图13-20

20 选择"交叉排线"画笔样式，然后在图像窗口中绘制出闪光点，如图13-21所示。

▨ 图13-21

>>>> **添加文字信息**

01 选择横排文字蒙版工具"按钮，在其属性栏中设置字体为"华文行楷"，字号为"36点"，然后输入文字"江南"，确认后得到文字选区，如图13-22所示。

▨ 图13-22

02 按下"Enter"键确认后得到文字选区，然后在"路径"面板中单击"从选区生成工作路径"按钮，将选区转换为路径，如图13-23所示。

▨ 图13-23

03 选择"路径选择工具"按钮，框选"南"字路径，然后向下拖动，如图13-24所示。

▨ 图13-24

04 在"路径"面板中单击"将路径作为选区载入"按钮载入选区，新建图层，设置前景色为"白色"，然后按下"Alt+Delete"组合键填充前景色，取消选区后使用移动工具拖动到适当的位置，如图13-25所示。

■ 图13-25

05 在"图层"面板中双击文字图层缩略图，在弹出的"图层样式"对话框中选择"投影"选项，具体参数设置如图13-26所示，完成后单击"确定"按钮。

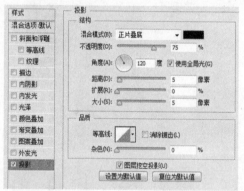

■ 图13-26

06 选择横排文字工具"按钮 **T**，在其属性栏中设置字体为"华文行楷"，字号为"18点"，颜色为白色，然后输入相关文字，如图13-27所示。

■ 图13-27

07 在"图层"面板中双击该文字图层缩略图，在弹出的"图层样式"对话框中选择"投影"选项，具体参数设置如图13-28

所示，完成后单击"确定"按钮。

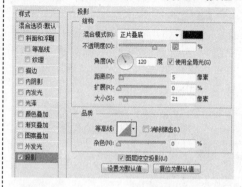

■ 图13-28

08 选择横排文字工具 **T**，在其属性栏中设置字体为"华文行楷"，字号为"6点"，颜色为白色，然后输入文字后按下"Enter"键确认输入操作，如图13-29所示。

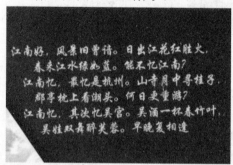

■ 图13-29

09 单击工具箱中的"横排文字工具"按钮 **T**，在其属性栏中设置字体为"宋体"，字号为"18点"，颜色为黑色，然后输入广告文字，得到的最终效果如图13-30所示。

■ 图13-30

练一练 13.2 合成素描写生图像 >>

案例描述 | 知识要点 | 素材文件 | 操作步骤

　　使用Photoshop可以将彩色图片制作成素描效果的图像，并通过编辑图层、设置图层混合模式等方法合成出素描写生的图像效果。

案例描述 | **知识要点** | 素材文件 | 操作步骤

🔲 "去色"和"反向"命令

🔲 设置图层混合模式

🔲 "最小值"滤镜

🔲 移动和自由变换图像

🔲 调整曲线

案例描述 | 知识要点 | 素材文件 | **操作步骤**

01 启动Photoshop CC，打开"葡萄.jpg"素材文件，如图13-31所示。

◾ 图13-31

02 执行"图像"→"调整"→"去色"菜单命令，去掉图片的颜色，选择"背景"图层，然后按下"Ctrl+J"组合键复制图层，如图13-32所示。

◾ 图13-32

03 选中"图层1"，执行"图像"→"调整"→"反相"菜单命令，将"图层1"的颜色反相，如图13-33所示。

◾ 图13-33

04 选择"图层1"，设置图层混合模式为"颜色减淡"，此时图像为一片空白，如图13-34所示。

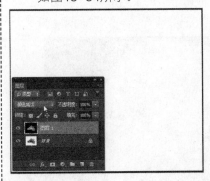

◾ 图13-34

05 执行"滤镜"→"其他"→"最小值"菜单命令,弹出"最小值"对话框,设置"半径"为"2"像素,在"保留"下拉列表中选择"圆度"选项,然后单击"确定"按钮,如图13-35所示。

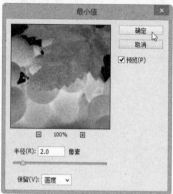

■ 图13-35

06 按下"Ctrl+Alt+Shift+E"组合键,盖印图层,得到"图层2",如图13-36所示。

■ 图13-36

07 执行"文件"→"打开"菜单命令,打开"画板.jpg"素材文件,如图13-37所示。

■ 图13-37

08 使用移动工具 将制作完成的照片图像移动到"画板.jpg"图像文件中,然后按下"Ctrl+T"组合键对图像的大小和方向进行调整,如图13-38所示。

■ 图13-38

09 选择"图层1",设置图层的混合模式为"正片叠底",此时素描画中白色的部分被隐藏,如图13-73所示。

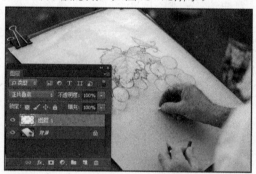

■ 图13-39

10 使用橡皮擦工具 ,将葡萄素描图像中多余的部分擦除,效果如图13-40所示。

■ 图13-40

11 按下"Ctrl+M"组合键，在弹出的"曲线"对话框中调整曲线参数，加深素描中的线条，完成后单击"确定"按钮，如图13-41所示。

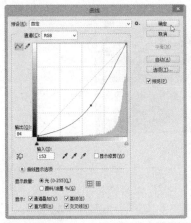

■ 图13-41

12 合成素描写生图像的最终效果如图13-42所示。

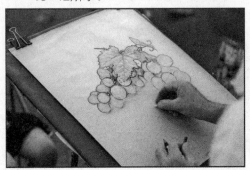

■ 图13-42

练一练 13.3 将照片转换为雪景效果

案例描述 | 知识要点 | 素材文件 | 操作步骤

　　使用Photoshop可以通过新建和编辑通道、使用滤镜等方法将普通风景照片转换为雪景效果。

案例描述 | **知识要点** | 素材文件 | 操作步骤

- 复制与粘贴图像
- 新建通道
- 将通道载入为选区
- "胶片颗粒"滤镜

案例描述 | 知识要点 | 素材文件 | **操作步骤**

01 启动Photoshop CC，打开"雪景.jpg"素材文件，如图13-43所示。

■ 图13-43

02 选择"背景"图层，按下"Ctrl+J"组合键复制得到"图层1"，按下"Ctrl+A"组合键全选图像，然后按下"Ctrl+C"组合键复制图像，如图13-44所示。

■ 图13-43

03 单击"通道"面板中的"创建新通道"按钮，新建通道"Alpha1"通道，如图13-44所示。

◪ 图13-44

04 选中"Alpha1"通道，按下"Ctrl+V"组合键将图像粘贴到通道中，如图13-45所示。

◪ 图13-45

05 执行"滤镜"→"滤镜库"菜单命令，在弹出的对话框中选择"艺术效果"下的"胶片颗粒"滤镜，设置"颗粒"为"0"，"高光区域"为"5"，"强度"为"10"，完成后单击"确定"按钮，如图13-46所示。

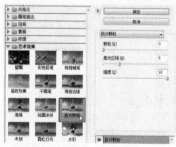

◪ 图13-46

06 选中"Alpha1"通道，单击"将通道作为选区载入"按钮将通道载入选区，然后按下"Ctrl+C"组合键复制选区图像，如图13-47所示。

◪ 图13-47

07 在"图层"面板中选择"图层1"，然后按下"Ctrl+V"组合键粘贴选区图像，将自动生成"图层2"，如图13-48所示。

◪ 图13-48

08 将照片转化为雪景后的效果如图13-49所示。

◪ 图13-49

13.4 学习小结

本章介绍了Photoshop CC在平面设计中的一些实际应用，通过完整的案例讲解，使读者对Photoshop CC的功能有了更深入的认识。读者在练习中要学会举一反三，并且尝试融入一些自己的创意，这样才能不断提高。